REDLINE | VERLAG

CHRISTOPHER A. RUNGE
UND ALLAN GRAP

MARKEN BOTSCHAFTER NR. 1

Warum Manager heute völlig neu kommunizieren und zu Marken werden müssen

Bibliografische Information der Deutschen Nationalbibliothek
Die Deutsche Nationalbibliothek verzeichnet diese Publikation in der Deutschen Nationalbibliografie. Detaillierte bibliografische Daten sind im Internet über http://dnb.d-nb.de abrufbar.

Für Fragen und Anregungen
info@redline-verlag.de

1. Auflage 2021

Türkenstraße 89
D-80799 München
Tel.: 089 651285-0
Fax: 089 652096

Die gewählte männliche Form bezieht sich immer zugleich auf weibliche, männliche und diverse Personen. Auf konsequente Doppelbezeichnung wurde aufgrund besserer Lesbarkeit verzichtet.

Redaktion: Christiane Otto
Umschlaggestaltung: Marc Fischer
Umschlagabbildung: Stock-Asso/Shutterstock
Satz: Röser MEDIA GmbH & Co. KG, Karlsruhe
Druck: GGP Media GmbH, Pößneck
Printed in Germany

ISBN Print 978-3-86881-723-2
ISBN E-Book (PDF) 978-3-96267-056-6
ISBN E-Book (EPUB, Mobi) 978-3-96267-057-3

Wir produzieren nachhaltig
www.m-vg.de

Weitere Informationen zum Verlag finden Sie unter
www.redline-verlag.de
Beachten Sie auch unsere weiteren Verlage unter www.m-vg.de

Inhalt

Einleitung

Nie zuvor waren die Ansprüche an CEOs und Geschäftsführer bedeutender Unternehmen größer. Im Zeitalter von Digitalisierung und Innovation hat sich ihr Aufgabenbereich deutlich ausgeweitet – und damit auch die Herausforderungen, vor denen sie stehen: Sie müssen ihr Fach beherrschen, Strategen und Visionäre sowie gute Verkäufer sein. Gerade der letzte Aspekt bedeutet allerdings nicht nur Verkaufen im klassischen Sinne – also der firmeneigenen Produkte und Dienstleistungen –, sondern das intelligente Kommunizieren und Erklären der Unternehmensanliegen. Und durchaus auch der eigenen. Diese Anforderung war früher nicht Teil der Stellenbeschreibung. Einige Chefs, vor allem Firmengründer, waren zwar geniale Verkäufer und Kommunikatoren. Doch gerade die angestellten Vorstandschefs, etwa die einstigen Generaldirektoren deutscher Industriebetriebe, brachten nicht immer dieses Talent mit – und es machte nichts. Diese Zeiten sind längst vorbei.

Wer heute erfolgreich in der Chefetage agieren möchte, muss den ausgesprochen dynamischen Bedürfnissen einer Fülle von »Anspruchstellern« – den sogenannten Stakeholdern – entsprechen: An allererster Stelle stehen da die Anteilseigner, die Kunden und die Kapitalmärkte. Gleich darauf kommen aber die Mitarbeiter inklusive Betriebsrat und Gewerkschaften, Lieferanten, Händler, und je nach Branche die Politik – und bei fast allen die generelle Öffentlichkeit. All diese Zielgruppen sind miteinander verwoben und müssen – bezogen auf das Geschäft – nicht nur operativ und strategisch bedient werden, sondern auch kommunikativ. Hinzu kommt: Manche der Anspruchsteller haben gleich mehrere Funktionen: Ein Mitarbeiter kann aufgrund des deutschen Mitbestimmungsgesetzes auch im Aufsichtsrat sitzen, ein Kunde kann ebenso Aktionär sein. Und Politiker können plötzlich als Vertreter des neuen Anteilseigners mitreden, siehe Lufthansa.

Diese Gemengelage hat die Anforderungen an die Kommunikationsfähigkeit des Topmanagements gewaltig nach oben getrieben. Vor allem aber müssen sich Unternehmenslenker heute massiv der Öffentlichkeit stellen – und nicht mehr nur *Business as usual* betreiben. Sie sind die obersten Kommunikatoren und stehen damit an vorderster Front, und zwar nicht nur bei der Jahrespressekonferenz oder der Hauptversammlung, sondern permanent: mit Gastbeiträgen in Leitmedien und Fachblogs oder mit einem eigenen Twitterkonto. Und wesentlich aktiver als früher müssen sie auch mit den Mitarbeitern kommunizieren. Früher gab es die Betriebszeitschrift und die alljährliche Personalversammlung. Heute sind je nach Thema, Anlass und Erregungspotenzial Echtzeitkommunikation über hauseigene Social-Media-Instrumente, Videobotschaften oder klassische Auftritte gefragt. Ein Zurückziehen in die Chefetage, abgeblockt durch zwei Chefsekretärinnen und womöglich mit persönlichem Fahrstuhl, gehört da ins 20. Jahrhundert, so wie das holzvertäfelte Direktorenzimmer. Je nach Branche und Tagesgeschehen muss der Chef auch gegenüber seinen Angestellten ständig sichtbar sein (Stichwort: Employer Branding) – weil diese wiederum Multiplikatoren sind oder bei Unzufriedenheit und schlechter Reputation des Unternehmens auch schnell wieder von Bord gehen.

Von innovativen Ideen und Visionen werden die meisten Unternehmen geleitet. Es ist dann jedoch eine der wichtigsten Aufgaben – selbstverständlich begleitet durch die PR-Abteilung, Kommunikationsberater oder Agenturen –, diese angemessen der Öffentlichkeit und allen Anspruchsgruppen zu vermitteln; idealerweise persönlich, also nicht (nur) durch zwischengeschaltete Pressesprecher. Die mediale Präsenz des Vorstands – und je nach Thema seiner Vorstandskollegen – ist daher essenziell. Durch eine geschickte Repräsentation der Unternehmensmarke durch den CEO können wiederum Erfolgskonzepte entstehen – und der Bekanntheitsgrad steigt an. Deutsche Unternehmen, vor allem der berühmte deutsche Mittelstand und die Hidden Champions, können dabei noch viel von internationalen CEOs lernen. Erst recht von den amerikanischen IT-Konzernen wie Amazon, Facebook oder Apple, nicht zu vergessen Tesla. All die vorgenannten Tech-Riesen waren auch einmal klein und haben sich mit charismatischen Chefs (Steve Jobs), zumindest aber mit kommunikativ nicht unbegabten (Jeff Bezos) Unternehmenslenkern inszeniert. Nur Mark Zuckerberg von Facebook mag vielleicht nicht so recht in eine solche Liste hineinpassen. Ihm scheint Kommunikation in ihrer packenden, emotionalen oder zumindest wohlwollenden Wirkung nicht so ganz im Blut zu liegen wie den schon legendär offensiven Gründern Elon Musk (Tesla, Space X) oder Richard Branson (Virgin). Damit ist bereits eine gehörige Bandbreite von Kommunikationstypen und -stilen abgesteckt: von zuweilen grenzwertigem Entertainment oder sogar börsenrechtlich fragwürdigen Tweets (Musk) bis zu einem seriös-zurückhaltenden Auftreten (Bezos). Auch wenn der reichste Mann der Welt 2019 mit seiner milliardenschweren Scheidung, vor allem aber mit offenbar geleakten Nacktfotos unfreiwillig für Furore sorgte. In jedem Fall werden wir im Verlauf des Buchs immer wieder auf diese CEO-Stars zurückkommen und selbstverständlich auf viele deutsche Beispiele verweisen, von DAX-Konzernen bis zum großen Mittelstand.

Für dieses Buch haben uns sieben namhafte Unternehmenslenker und CEOs, überwiegend selbst Unternehmer, ausführliche Interviews gegeben und uns so einen Einblick in ihre Kommunikationspolitik verschafft: Anna Banicevic (Zizoo), Wolfgang Grupp (Trigema), Verkaufscoach Dirk Kreuter, Jakob Mähren (MÄHREN AG), Ernst Prost (Liqui Moly), Alexander Weber (Chief Growth Officer N26) und Dr. Stefan Wolf (ElringKlinger AG; heute auch Chef der Arbeitgeberorganisation Gesamtmetall). Ihnen allen nochmals einen herzlichen Dank dafür!

1 – CEO-Kommunikation

Das Erfolgskonzept für Unternehmen

Der Hintergrund

Die Köpfe international agierender Unternehmen und jene von deutschen Konzernen sind der breiten Öffentlichkeit nur selten namentlich bekannt – von den oben genannten Ausnahmen und einigen anderen einmal abgesehen, die teilweise wie Popstars agieren und angesehen werden. Gewiss, sie prägen die Schlagzeilen von Wirtschaftsmedien und Finanzseiten, vor allem wenn es brennt und bei Skandalen. Doch einer großen Masse sind bestenfalls langjährige Chefs berühmter Marken ein Begriff, wie Dieter Zetsche (bis 2019 Vorstandsvorsitzender der Daimler AG) oder Herbert Hainer (bis 2016 Chef von Adidas und seit 2019 Präsident des FC Bayern). Der Rest sagt weitestgehend nur Wirtschaftsjournalisten, Aktionären und den Mitarbeitern namentlich etwas. Allenfalls gibt es einen optischen Wiederkennungswert und einen kurzen, unfreiwilligen Auftritt im Rampenlicht bei einem Diesel-Desaster oder einen Sturm im Wasserglas wegen eines unglücklichen Social-Media-Videos. Ansonsten sind diese Personen einfach nur die jeweiligen und temporären Allianz-, VW- und Siemens-Chefs und werden kurzfristig bekannt, wenn sie abgelöst werden, ihre Verträge beenden oder es nachhaltig klemmt, wie etwa bei der Riege der jüngsten Ex-Deutschen-Bank-Chefs Anshu Jain, Jürgen Fitschen und John Cryan.

Diese »Unbekanntheit« gilt erst recht auch für den berühmten deutschen Mittelstand, die Hidden Champions (die nicht ohne Grund »hidden« sind) und milliardenschweren Firmenbesitzern. Nehmen Sie sich einfach mal die jährlichen Listen der 1000 reichsten Deutschen vor, wie sie etwa das *Manager Magazin* aufstellt oder bis 2019 auch die Zeitschrift *BILANZ*. Die meisten Lenker inhabergeführter Unternehmen – die den Großteil dieser Liste ausmachen, angestellte Manager sind oft nicht reich genug, um in dieses Ranking zu gelangen – werden Sie nicht kennen. Und die, die Ihnen etwas sagen, erkennen Sie nur daran, dass Familienname und Firmenname/Marke identisch sind (etwa Oetker). Die Person dahinter ist selten bekannt. Dies hat oft einen simplen Grund: Sie wollen schlichtweg nicht bekannt sein. Sie drängen sich nicht in den Vordergrund. Sie wollen unerkannt durch ihre (schwäbische) Stadt laufen. Sie gehören oft dem Typus »bescheidener deutscher Mittelstand, der bei null angefangen hat« an – und es gibt auch die Angst vor Entführungen. Von manchen Milliardären existieren daher nur alte Fotos (Dieter Schwarz: Lidl, Kaufland, der reichste Deutsche) und neue Bilder werden mit rechtlichen Mitteln verhindert. Bei anderen Beispielen wiederum klagen sich die Kinder erfolgreich aus Wikipedia heraus. Bewusst in den Reichenlisten wollen nur Neureiche und Prominente auftauchen, keine gestandenen Firmenbesitzer (zumal die recherchierten Vermögenszahlen oft nicht einmal stimmen). All dies funktioniert freilich nur bei nichtbörsennotierten Gesellschaften oder wenn man keinerlei Ämter ausübt. Die Anteilseigner und Gründer börsennotierter Aktiengesellschaften (etwa SAP) gehören nicht in diese Riege; genauso wie Personen, die sich offensiv und gesellschaftspolitisch positionieren, wie etwa Wolfgang Grupp von Trigema. Er ist wohl einer der bekanntesten

Macher – und stand uns auch als Interviewpartner für dieses Buch zur Verfügung.

Ein Geschäftsführer oder Vorstandsvorsitzender – Relevanz der Firma, seiner Produkte und Dienstleistungen vorausgesetzt – hat die Möglichkeit, durch mediale Präsenz Kunden anzuwerben und die Visionen des Unternehmens der Öffentlichkeit vorzustellen. Diese Chance darf sich auch ein mittelständisches Unternehmen nicht entgehen lassen. Denn allein der Bekanntheits- und dadurch erreichte Beliebtheitsgrad (was nicht zwangsläufig zusammengehören muss) eines CEOs kann eine sehr erfolgreiche Firma von einer »nur« erfolgreichen unterscheiden. »Obwohl CEOs und deren Reputation einer Vielzahl von Gefahren ausgesetzt waren, ist der Ruf der Firmenspitze immer noch ein fundamentaler Treiber für den Unternehmenserfolg und die Wertschätzung der Organisation. Reputation gilt als wertvolle Währung in der heutigen Wirtschaft, in der Unternehmen immer öfter mit ihren Handlungen in die Öffentlichkeit rücken. Der Ruf des CEOs steht daher im direkten Verhältnis mit dem Erfolg der Unternehmen, ihrem Ansehen in der Branche und sollte nie unterschätzt oder vernachlässigt werden«, heißt es in einer Analyse der Universität Hohenheim.[1] Dabei sehen die Autoren einen gewissen Dreiklang folgender Faktoren: »Die Reputation ist der eine Wert für Unternehmen, der in diesen Zeiten des steten Wandels stabilisierend wirken kann, Kommunikation der andere, der CEO, als personalisiertes Unternehmensabbild in Öffentlichkeit und Medien, der dritte.«[2] Sie erkennen in diesem »Werte-Dreieck« Zusammenhänge und Wechselspiele und leiten daraus Anforderungen ab:

- »CEO-Reputation sichert den wirtschaftlichen Erfolg von Unternehmen.
- Die Steuerung der CEO-Reputation ist eine zentrale Führungsaufgabe.

- Die CEO-Kommunikation muss konsequent auf den Reputationsaufbau und -ausbau ausgerichtet sein.
- Innerhalb der CEO-Kommunikation ist das passgenaue Themenmanagement ein Schlüssel zur CEO-Reputation, denn Themen mobilisieren die Öffentlichkeit und andere relevante Stakeholder.«[3]

Dass Kommunikation kein Selbstzweck ist, sondern einen bedeutenden Beitrag zum Geschäftserfolg darstellt, betont auch Alexander Weber, Chief Growth Officer von N26. Hier berichtet er über die Anfänge der Firma: »Kommunikation war und ist ein ganz wichtiger Faktor für unseren bisherigen Erfolg. Wir waren die erste mobile und komplett digitale Bank. Die Generierung von Aufmerksamkeit und das Aufklären über das neue Angebot sowie die Vorteile gegenüber traditionellen Banken ist für uns daher von zentraler Bedeutung. Damals richteten wir uns noch an eine sehr junge technikaffine Kundschaft. Heute wollen wir den Massenmarkt erreichen.« (Vgl. »Experteninterview«.) Die »Menschen draußen« – Kunden wie Nichtkunden – identifizieren sich dabei mit Visionen und wichtigen Botschaften. Diese sind dann sogar überlebenswichtig, wenn die Konkurrenz stark ist. Eine hohe und zunehmende Bekanntheit und Beliebtheit sind hier Faktoren – aber keine Garantien – für mehr Kunden und geschäftlichen Erfolg.

Werdegang eines CEOs des 21. Jahrhunderts

»Die Nr. 1-Fähigkeit einer Topführungskraft ist es, ihre Ziele, Wünsche und Ideen anderen Menschen verkaufen zu können«, sagte uns im Gespräch für dieses Buch Verkaufstrainer Dirk Kreuter. Die Welt der Vorstandsvorsitzenden aller Branchen hat sich wahrlich verändert. Im vergangenen Jahrhundert wurden CEOs als Geschäftsführer gesehen, die in ihrer Chefetage isoliert und in mehrfachem Sinn abgehoben von den Mitarbeitern arbeiteten. Noch heute gibt es Unternehmen – abhängig von Kultur und Hierarchie- und Eigentümerstruktur –, in denen Vorstandsvorsitzende intern und extern nicht sichtbar sind; sei es aus Standesdünkel oder weil ihnen der Auftritt nicht liegt. Dies kann durchaus funktionieren, vor allem im Business-to-Business-Bereich. Ein Vorbild ist es aber nicht. Solch eine Praxis ist ein Auslaufmodell. Die Greifbarkeit von CEOs ist im 21. Jahrhundert, von dem wir bereits zwei Jahrzehnte hinter uns haben, zunehmend wichtiger geworden. Einschließen kann sich ohnehin niemand mehr – es sei denn, die Firma fliegt unter dem Radar, ist zu klein oder zu speziell. Allein schon die Mitarbeiter erwarten von ihrem Chef eine stärkere Präsenz – nach innen zu ihnen und nach außen als Kommunikator. Neben dem Kommunizierenkönnen und dem Fachlichen steht für Ernst Prost, Geschäftsführer von Liqui Moly, »aber die Fähigkeit zum Menschlichen, zur Empathie und Sympathie. Vorstände, CEOs, Chefs und Unternehmer sind Anführer und diese müssen auch das richtige Rüstzeug dafür mitbringen, Herz und Seele derjenigen zu erreichen, die ihnen folgen.«

Egal wie Chefs dazu stehen: Eine im Vergleich zu früher lockere und gleichgestellte Arbeits- und Umgangsform wird von der Belegschaft bevorzugt. Dabei muss es nicht gleich das pauschale Du sein, doch eine größere Nahbarkeit. Auch weil es heute aufgrund der Dynamik und des Wandels viel mehr zu erklären gibt: Grundsätzliches und Sinnstiftendes, wie eine Mission oder Strategie, aber auch Operatives, wenn ein neues Geschäftsmodell auf die Spur gesetzt wird. Am besten vom Chef persönlich. Warum hat sich die Bedeutung der Kommunikation für einen CEO in den vergangenen Jahrzehnten so verändert? Treiber dieser Entwicklung war für Dirk Kreuter vor allem das Internet, durch das wir »eine viel größere Transparenz bekommen haben. Jeder kann sich im

Internet äußern und auch Informationen sammeln. Jeder kommunikative Fehler rächt sich im Internet sofort und wird niemals vergessen.«

Personalisierung: Produkte und Dienstleistungen bekommen ein Gesicht

Natürlich gilt dies auch nach außen (was wiederum innerhalb des Unternehmens stark beachtet und bewertet wird). Der CEO als Repräsentant ist vor allem für börsennotierte Konzerne wichtig oder bei gesellschaftlich als heikel angesehenen Produkten und Dienstleistungen. Das positive Bild eines CEOs unterstützt damit den Unternehmenserfolg und zahlt direkt auf den Wert der Marke ein. Im schnelllebigen Zeitalter der sozialen Netzwerke sind Branding und eine Identifikation der Unternehmen mit und durch den CEO ein wichtiger Faktor. Die Chancen und Gefahren der Boulevardisierung – also einer absoluten Personalisierung von Produkten und Dienstleistungen – stellen eine Herausforderung dar. Geschäftsmodelle, ein Dieselskandal oder ein neues iPhone bekommen ein Gesicht, und zwar das des Chefs. Beliebt ist dieser Mechanismus auch bei eher sperrigen Themen oder Aspekten, die sich schlecht illustrieren lassen. Beides ist Fluch und Segen zugleich. Wer ein schwer erklärbares, aber trotzdem exzellentes Produkt hat – etwa aus dem IT-Bereich –, der kann seinen Kopf heraushalten, gern auch in Form eines Gastbeitrags. Wer eine austauschbare, wenig originelle Dienstleistung hat – etwa als Immobilienmakler –, kann ebenfalls mit seiner Persönlichkeit auftrumpfen. Selbstläufer sind dies freilich nicht, aber offene Türen, manchmal Scheunentore, durch die man mit viel Kreativität gehen kann.

Die Digitalisierung und die schnelle Verbreitung von Nachrichten leisten dem Phänomen der Personalisierung Vorschub. Doch komplexe Angelegenheiten und Verantwortlichkeiten lassen sich dadurch immer noch nicht darstellen. Für einen Dieselskandal macht die veröffentlichte Meinung, also die Presse, den Oberboss verantwortlich, nicht einen findigen Ingenieur aus der dritten Reihe. Gleichzeitig erntet der Chef auch die Lorbeeren für die neueste Technikinnovation – und nicht die geballte Kraft Dutzender Designer- und Entwicklerteams. Dabei ist mit diesem Kopf meist nur die jeweilige Position gemeint. Natürlich steht dahinter eine konkrete Person. Doch sie ist meist austauschbar. Ausnahmen bilden auch hier direkt nachweisbare Verantwortlichkeiten oder Pioniere wie die Gründer von Firmen (Dietmar Hopp / SAP, Elon Musk & Co.). Letztere sind tatsächlich die treibende Kraft hinter den Innovationen. Ohne deren Visionen und Geld würde es die jeweiligen Produkte und Dienstleistungen gar nicht geben. Komplikationen und Skandale, Erfolge und Technikrevolutionen werden also zumeist den Konzernchefs zugeschrieben – eine Vereinfachung, aber eben eine Tatsache des aktuellen Medienbetriebs und der Anforderungen der Mediennutzer. Diesem Risiko müssen sich die Chefs bewusst sein; es ist auch in ihrem Gehalt mit inbegriffen.

Zur Erinnerung und zum Vergleich: CEOs im 20. Jahrhundert

Einen Einblick in die Vergangenheit der CEO-Kommunikation zu werfen, ist essenziell, um die Veränderung der Kommunikationsart zu verstehen – und daraus Notwendigkeiten für heute abzuleiten. Im 20. Jahrhundert bestanden noch klare Hierarchieebenen mit festgefahrenen Strukturen. Die derzeit ausgeprägte Arbeit in Gruppen und Projekten existierte in dieser Ausprägung nur ansatzweise, obwohl manche dieser Arbeitsformen jahrzehntealt sind – bis hin zur Agilität.

Anfang des 20. Jahrhunderts spielte in Unternehmen die Produktivität die herausragende Rolle, wobei Industrie- und Produktionsbetriebe einen weitaus höheren Anteil hatten als heute. Die Erfolge wurden meist den Führungskräften zugeschrieben. Doch schrittweise wandelten sich die Sichtweise und die Verhältnisse: Nicht nur die Triumphe und Produktivität eines Unternehmens sollten in Betracht gezogen werden, sondern auch die Mitarbeiter, die für diesen Erfolg einen großen Beitrag leisten. Entlang dieser Linie veränderten sich die Führungsmethoden vor allem zu Beginn des 21. Jahrhunderts – und dieser Umbruch ist damit auch ein Spiegelbild der Gesellschaft, ihrer Werte und Strukturen. Am Anfang des 20. Jahrhunderts bestand noch eine prägende Klassengesellschaft mit wenig Aufstiegsmöglichkeiten. Sie fand ihre Entsprechung in den Führungsmethoden innerhalb einer Organisation. Nach dem Zweiten Weltkrieg änderte sich dies, allerdings nur allmählich und auch nur im Westen Deutschlands, und nahm erst ab den 1990er-Jahren Fahrt auf. Heute erleben wir eine stark ausgeprägte Gleichberechtigung. Sie drückt sich mitunter sogar in einer Anspruchshaltung aus, die alle Unterschiede verwischen und vermissen lässt, wer Eigentümer eines Unternehmens ist und wer Arbeitnehmer. Vor allem Personalvertretungen und Gewerkschaften fahren oft einen Kurs, als gehöre der Betrieb ihnen und als gehe es zu wie in einer Kommune.

CEOs im 21. Jahrhundert

Der Ruf eines Unternehmens hängt von der Leistung und seinen Produkten ab – aber auch vom Image eines CEOs. Was einen guten CEO ausmacht, dafür gibt es keine haarscharfen, objektiven Kriterien, aber doch Anhaltspunkte – und diese haben etwas mit seinen Kommunikationsfähigkeiten und Eigenschaften zu tun. Loyalität, Vertrauen und Visionen gegenüber Mitarbeitern zu vermitteln sowie Identifikation, Respekt, Selbstvertrauen und Zukunftsvertrauen zu stiften, dies sind die Attribute und Werte, denen Kommunikationsexperten in einer Umfrage des Instituts für Publizistik- und

Kommunikationswissenschaften die größte Bedeutung beigemessen haben.[4] Die direkte Kommunikation hat positive Auswirkungen auf das CEO-Image, das auch Freizeitveranstaltungen, informelle Meetings, Mitarbeitergespräche und persönliche Ansprache beinhaltet.[5] Demnach ist der direkte Zugang zum CEO für die Mitarbeiter wichtig – aber auch für das Image des Geschäftsführers und des Unternehmens. Die Anwesenheit des CEOs ist für die Mitarbeiter essenziell, um von ihm einen Eindruck zu gewinnen. An der Bedeutung von informellen Meetings lässt sich gut der Unterschied zu einst erkennen: Gemeinsame Freizeitveranstaltungen, Ausflüge oder Teambuilding-Events auf Augenhöhe wären früher abgesehen von der traditionellen Weihnachtsfeier undenkbar, ja abwegig gewesen – allenfalls einmal ein väterliches »Auf-die-Schulter-Klopfen« beim Rundgang in der Produktion, das gerade die Rangunterschiede festmachte.

Die Arbeitsverhältnisse heute haben sich völlig gewandelt. Einerseits, weil jeder sein eigener Chef werden kann – ein Teil des Gründungsmythos der Bundesrepublik mit dem Wirtschaftswunder, der bei modernen Start-ups eine Entsprechung gefunden hat. Insofern gibt es vom theoretischen Zugang her kaum noch formale Klassenunterschiede; de facto durchaus, etwa durch ungleichen Zugriff auf Kapital, Bildungseinrichtungen oder informelle Netzwerke. Natürlich rekrutieren sich Topmanager wie Dax-Vorstände nach wie vor überwiegend aus Familien, die es »geschafft haben«, vernetzt sind, einige wenige Kaderschmieden besucht haben und eher zu gehobenen Gesellschaftsschichten zählen. Aber die Durchlässigkeit und auch die Lässigkeit sind wesentlich größer geworden. Andererseits hat sich das gesellschaftliche Klima geändert und die Umgangsformen sind lockerer geworden. Kaum jemand möchte da noch als steif oder unnahbar gelten. Produktivität und Unternehmensumsatz allein machen keinen guten CEO mehr aus.

Der CEO ist heute »Teamplayer« und nicht Führungsperson einer höheren Kaste. Durch Kooperation innerhalb der Vorstandsriege wird die operative Verantwortung aufgeteilt. So handhabt es auch die Vorstandsmannschaft von N26, wie uns Chief Growth Officer Alexander Weber im Gespräch verriet: »Die funktionale Verantwortung für Kommunikation (PR, Social Media, Content) ist Teil des Marketings und daher meine Verantwortung als CGO im Vorstand. Interne Kommunikation wird zwischen der CPO (Chief People Officer) und mir geteilt, je nach Thema. In der Vertretung nach außen haben die General Manager unserer Regionen eine wesentliche Rolle; auf Gesamtunternehmensebene spielt Valentin Stalf als Gründer und CEO natürlich eine große Rolle in der Kommunikation, sowohl extern als auch unternehmensintern.« Wie bedeutsam diese Aufteilung aus fachlicher Sicht ist, das bestätigt uns Dirk Kreuter: »Jeder hat zu Recht sein eigenes Ressort und seine eigenen Aufgaben. Daher soll auch die Kommunikation entsprechend verteilt werden. Viel wichtiger als diese Verteilung ist jedoch die Abstimmung untereinander und besonders eine gemeinsame Sprache. Die Inhalte, aber auch die Art und Weise, wie kommuniziert wird, müssen aus einem Guss sein.« (Vgl. »Experteninterview«.)

Ganz anderen Herausforderungen müssen sich obendrein Frauen stellen, die immer noch viel zu selten unter CEOs vertreten sind. Auch unsere recht maskuline Runde an Gesprächspartnern ist da ein Spiegelbild. Bei unserer Interviewpartnerin Anna Banicevic, CEO der Bootsvermittlungsplattform Zizoo, kommt noch hinzu, dass sie in einer zutiefst männlichen Branche arbeitet. Wir haben sie gefragt, was das für die Unternehmenskommunikation, aber auch für die persönliche CEO-Kommunikation bedeutet. Ihre Antwort: »Grundsätzlich glaube ich nicht, dass CEOs (oder andere Personen) je nach Geschlecht unterschiedlich kommunizieren sollten. Einige Situationen erfordern dies jedoch. Ich habe das Gefühl, dass ich manchmal ›härter arbeiten‹ muss, damit meine Stimme gehört wird – und dies erfordert Energie, Selbstvertrauen und Entschlossenheit. In Bezug auf die Unternehmenskommunikation ist es mitunter sogar hilfreich, als Frau CEO eines erfolgreichen Unternehmens zu sein – es ist leider nach wie vor eine Seltenheit, sodass es in bestimmten Gruppen Aufmerksamkeit erregt.«

EXPERTENINTERVIEWS

Wir haben sieben Experteninterviews mit namhaften Unternehmensinhabern, Vorstandsvorsitzenden und Vorstandsmitgliedern geführt, um so direkte Einblicke in die Kommunikationswege und Strategien zu ermöglichen. Die Gespräche gewähren einen vielfältigen Überblick und reichen von Familienunternehmen mit langjähriger Tradition über börsennotierte Unternehmen bis hin zu Start-ups.

Wolfgang Grupp: »Ehrbarer Kaufmann« als Orientierung

Alleiniger Inhaber und Geschäftsführer des Textilunternehmens Trigema

Wie begegnet der erfolgreiche Unternehmer den Herausforderungen seines vergrößerten Umfelds? Welche Kommunikationsmaßnahmen und -instrumente wendet er erfolgreich an? Die TRIGEMA Inh. W. Grupp e. K. mit Sitz im schwäbischen Burladingen wurde 1919 gegründet und ist Deutschlands größter Hersteller von Sport- und Freizeitbekleidung. Trigema und Wolfgang Grupp, Inhaber in dritter Generation, stehen dabei für modernste Technik, für soziale und wirtschaftliche Verantwortung und die Stärkung des Produktionsstandortes Deutschland.

Die Textilbranche in Deutschland stand in den vergangenen Jahrzehnten zahlreichen Herausforderungen gegenüber. Große Konzerne und Unternehmen liefern sich regelmäßig Preisschlachten, die es besonders für traditionsbewusste Unternehmen schwer machen, ihren Werten und Qualitätsansprüchen treu zu bleiben. So sind es in vielen deutschen Unternehmen die Mit-

arbeiter, die unter den Fehlentscheidungen des Vorstands leiden und von Entlassungen oder Niedriglöhnen betroffen sind. Herr Grupp, Sie sind einen anderen Weg gegangen – Sie sind in einer Doppelrolle als Eigentümer und Geschäftsführer tätig und stehen dabei auch besonders für den Produktionsstandort Deutschland. Wie haben Sie es geschafft, Ihr Unternehmen dennoch nachhaltig zu etablieren?

Wenn ich das Glück habe, in einem Familienunternehmen geboren zu sein, dann habe ich nicht nur das Glück oder die Vorteile zu genießen, sondern auch die Pflichten zu erfüllen. Eine Pflicht, auch in einer globalisierten Welt, ist es, meine Aufgaben zuerst in meinem Heimatland zu erfüllen, bevor ich das Glück in der Ferne suche.

Also sprichwörtlich sollte man zunächst die eigenen Kinder ernähren, bevor man meint, einem Charity-Projekt in Afrika nachgehen zu müssen. Hier in Deutschland gründete mein Großvater eine Textilfirma, baute diese nachhaltig auf – über Jahrzehnte. Wenn Sie sagen, dass die Textilbranche auf einem absteigenden Ast ist, sage ich: Es ist ein Mythos zu glauben, dass es keine Branche mehr gibt, die in Europa nicht mehr umsetzbar ist – genau das zeigt Trigema. Und man sollte in der Lage sein, diese Branchen aufrechtzuerhalten. Denn es geht nicht nur darum, den Markt mit neuen Markenartikeln zu fluten, sondern mit Innovationen zu brillieren und dem Kunden einen nachhaltigen Mehrwert zu liefern. Deshalb ist es wichtig, den Wandel der Zeit zu erkennen. Das heißt für mich zu wissen, was heute richtig ist, was ich aber rechtzeitig ändern muss, damit es morgen auch wieder richtig ist. In Europa sind wir deshalb für die innovativeren Produkte zuständig – ob Textilien, Maschinen oder sonstige Produkte. Wenn ein Unternehmen, das ein Polohemd für hundert Euro im Laden anbietet, sagt, es müsse Stellen streichen, so ist dies eine Versündigung an einem Mitarbeiter, den man entlässt.

Herr Grupp, Sie gelten in Deutschland als »ehrbarer Kaufmann« schlechthin. Welchen Stellenwert hat die tadellose Reputation Ihres Unternehmens für Sie?

Das liegt in meinem eigenen Interesse. Wenn die Leute ein schlechtes Bild von mir haben, ist das schlecht für mich. Das gilt für jeden Menschen. Gutes Verhalten ist ausschlaggebend für eine gute Reputation. So ist es selbstverständlich für mich, dass ich einhalte, was ich zusage. Sonst kann ich das Gleiche auch nicht von anderen verlangen.

Ich muss also für meine Entscheidungen haften, denn ich verlange ja auch, dass andere Verantwortliche für ihre Entscheidungen in der Haftung stehen. Das Wirtschaftswunder wurde so geschaffen: mit persönlich haftenden Unternehmern. Gier spielte überall eine Rolle, aber diese Unternehmer waren sich ihrer Verantwortung bewusst. Sie wussten, dass sie bei einer Fehlentscheidung als Erste in der Haftung stehen.

Wie stark sollte der CEO die Kernwerte des Unternehmens nach außen präsentieren?

Gut, das liegt an jedem Einzelnen, ich würde sagen, es wäre fatal, wenn ich Inhaber eines Unternehmens und Geschäftsführer bin, mein Unternehmen aber nicht nach außen hin repräsentiere.

Im Sport steht der Sportler, der an Olympia teilnimmt, für sich selbst. Das gilt ebenso für Unternehmer. Da der Inhaber die Kosten des Unternehmens trägt, hat er auch die Verantwortung. Das bietet viele Vorteile, denn als Inhaber eines Unternehmens folgen mir die Leute deshalb auch eher. Aus der Übernahme der Verantwortung für das eigene Tun entsteht so eine Vertrauensbasis mit Mitarbeitern und Kunden. Die Repräsentation des eigenen Unternehmens ist für mich deshalb eine Selbstverständlichkeit. Auch Glaubwürdigkeit ist in diesem Zusammenhang ein großes Thema. Wenn Inhaber in der Werbung für ihre eigenen Produkte stehen, so wirkt dies glaubwürdiger, als wenn eine beliebige Person es tut.

Inwiefern ist die Rolle des CEOs in den vergangenen Jahren einem Wandel unterworfen? Müssen CEOs aktiver in ihrer Kommunikation agieren als je zuvor?

Vor zwanzig oder vierzig Jahren waren Inhaber aktiver und haben das Unternehmen selbst geführt. Heute werden viele Unternehmen beispielsweise nur von Managern geleitet und der Inhaber hält sich im Hintergrund. Früher sind Inhaber auch nach außen hin stärker aufgetreten. Sofern man keine Fehlentscheidungen trifft, hat man es auch einfacher, wenn man das Unternehmen selbst repräsentiert.

Welche Kommunikationskanäle haben sich für Ihre persönliche Kommunikation als am wichtigsten herausgestellt?

Ich kommuniziere immer noch gerne persönlich. Wenn mich jemand wiederholt anschreibt, dann sage ich ihm, dass wir doch die sechs E-Mails in einem Gespräch erledigen können. Das spart nicht nur Zeit, sondern ist auch wertvoller und persönlicher. Ich werde etwa heute Abend nicht auf Twitter schreiben, dass ich mit Ihnen ein tolles Gespräch geführt habe. Für mich sind die klassischen Kommunikationskanäle, wie Presseartikel in bekannten Zeitschriften und Magazinen, Interviews oder TV-Auftritte und Vorträge, wichtig. Für Trigema müssen wir Social Media und andere Kanäle selbstverständlich nutzen, weil sie uns nachhaltige positive Medienwirkung bringen und wir dadurch unsere Kunden besser erreichen.

Für Sie sind also klassische Printmedien und TV-Auftritte zentral, um Ihre Botschaften zu kommunizieren ...

Ich habe mich nie um Interviews bemüht. Wenn ich etwa im Fernsehen Thesen aufgestellt habe, die spektakulär waren, dann bekam ich automatisch weitere Interviewanfragen. Der Erfolg in den Medien hängt davon ab, ob Sie etwas Interessantes sagen und mit Ihrer Meinung hervorstechen oder ob Sie nur das sagen, was alle andere sagen. Jeder Zeitungsartikel und Fernsehauftritt kann für mich kostenlose Werbung sein.

In Bezug auf meine Botschaft: Die hat sich seit dreißig Jahren nicht verändert. Nämlich, dass ich Verantwortung gegenüber meinen Mitarbeitern habe, gegenüber meinem Heimatland und dass man als Unternehmer ein Vorbild sein muss. Nur dass dieses Thema heute aktueller als je zuvor ist, denn die Haftung der Unternehmer wird immer geringer.

Auftritte im Fernsehen sind ganz klar ein gutes Mittel, um diese Überzeugungen zu kommunizieren, und sie können damit Millionen Zuseher erreichen, was natürlich mehr ist als mit einer Regionalzeitung, wie der Stuttgarter Zeitung. Ich bekomme nach jedem TV-Auftritt Anfragen, die zu 90 Prozent positiv sind. Fernsehauftritte oder Presseartikel sind immer große Chancen für mich. Grundsätzlich ist es wichtig, Sätze zu sagen, die einfach sind und die jeder verstehen kann. Natürlich kann es auch negative Reaktionen geben, aber dennoch habe ich die Kontrolle. Für mich war immer klar: Je mehr die Werte verloren gehen, desto mehr muss ich die Werte verteidigen und desto höher wird die Aufmerksamkeit auch in den Medien sein.

Wie wählen Sie die Medien aus, für die Sie bereit sind, ein Interview zu geben?

Es kommt darauf an, ob es eine für mich akzeptable Zeitschrift oder Zeitung ist. Falls dies der Fall ist, nehme ich jedes Interview gern an und sehe es als Möglichkeit, meine Meinung nach außen zu tragen. Sprichwörtlich gesagt, höhlt der stete Tropfen ja den Stein. Solange ich etwas Positives sage, ist das letztlich gut für mein Produkt. Wenn jemand ein Interview von mir liest, denkt er an Trigema und entscheidet sich beispielsweise, einen Artikel im Onlineshop zu bestellen.

Eine Herausforderung der Textilbranche ist, dass wir ein Produkt vertreiben, das im Zweifelsfall nicht notwendig ist. Ich brauche also zunächst die Aufmerksamkeit der Kunden, die sich unsere Produkte gern leisten. Wir machen einen großen Teil, nämlich 40 Prozent unseres Umsatzes, mit Aufträgen, die nur zustande kommen, weil wir sofort liefern können. Wenn jemand für einen Anlass kurzfristig Polohemden benötigt, muss ich diese binnen kurzer Zeit liefern können, da sie sonst nicht mehr gebraucht werden.

PR offeriert beispielsweise wichtige Instrumente, unsere Produkte und Botschaften an die Öffentlichkeit zu bringen, und ist deshalb essenziell für uns. Nachdem ich in einer

Talkshow aufgetreten bin, können wir auf unseren Webseiten sofort ein Hochschnellen der Anfragen registrieren. Die Menschen beschäftigen sich dann mit Trigema, was sehr wichtig für unser Produkt ist. Je mehr man über seine Produkte spricht, desto mehr steigt deren Wert.

Sie sind alleiniger Geschäftsführer und Inhaber in dritter Generation. Im Hinblick auf Ihre Mitarbeiter, aber auch auf externe Stakeholder, sind Sie mit einem komplexen Anforderungsfeld konfrontiert. Welche Herausforderungen ergeben sich daraus für Ihre Kommunikation?

Wenn ich als Inhaber etwas entscheide, etwa einen Liefertermin garantiere, ist das gravierender, als wenn es ein Angestellter tut. Verantwortung ist heute wie damals ganz entscheidend. Zugleich ist es wichtig, sich auch seiner Zeit anzupassen. Meine Kinder, die irgendwann den Betrieb weiterführen, sollen ihren eigenen Weg gehen und erkennen, was noch zeitgemäß ist. Auch in der Kommunikation mit den Kunden vollzieht sich der Wandel der Zeit. Als ich vor 48 Jahren in die Firma kam, gab es noch die »Kaufhauskönige«, also Großabnehmer, die unsere Waren abnahmen. Heute gibt es die nicht mehr. Das heißt, ich musste neue Kunden suchen. Damals existierte auch kein Onlineshop. Man muss neue Trends wahrnehmen, verstehen und dann entscheiden, was gut oder schlecht ist. So haben wir uns etwa bewusst für den Aufbau eines Onlineshops entschieden.

Herr Grupp, heute stehen Textilunternehmer häufig im Kreuzfeuer der Medienberichterstattung, wenn es um deren Produktion in Billiglohnländern geht. In Bezug auf die Kommunikation mit der Öffentlichkeit stellen sich dadurch zahlreiche Herausforderungen …

Ich habe es leichter, weil ich mit Stolz sagen kann: Ich fertige in Deutschland und alles im eigenen Hause. Das nutze ich, weil es Menschen gibt, die darauf Wert legen und dies gern unterstützen, da uns gute Qualität am Herzen liegt. Mit einem qualitativ hochwertigen Produkt kann ich die Kunden überzeugen. Viele Textilunternehmer produzieren im Gegensatz dazu im Ausland und unter schlechten Arbeitsbedingungen. Für uns sind Umwelt- und Arbeitsschutz sowie faire Bezahlung zentrale Anliegen.

Hat man die Produktion erst ins Ausland verlagert, ist es schwer, sie wieder zurückzuholen. Auch deshalb ist es wichtig für Unternehmer heutzutage, es gleich richtig zu machen. Das heißt gut zu produzieren, um qualitativ hochwertige Produkte zu verkaufen.

Der CEO als Marke

Auch für den modernen CEO sind nicht mehr nur die erfolgreiche Unternehmensgestaltung und sein betriebswirtschaftliches Geschick von Bedeutung. Marken, die Wahrnehmung des Unternehmens und die Rolle ideeller Güter werden bedeutsamer. Der CEO wird zum Gesicht der Organisation und der Werte. Er muss den Wandel intern und extern kommunizieren. Der Trend zur Personalisierung wirtschaftlicher Zusammenhänge und die wichtigere Rolle der Unternehmensmarke erfordern einen neuen Typus des CEOs. Er muss sich auf öffentlicher Bühne in den Spielarten der medialen Präsenz auskennen: vom Weltwirtschaftsforum Davos, internationalen Analystenkonferenzen bis hin zu Xing und LinkedIn. Im Zeitalter von Digitalisierung, Innovation und Transformation gilt es nicht nur, Inhalte beschleunigt anzugleichen, sondern auch das eigene Profil zielgerichtet zu schärfen. Der CEO wird selbst zur Marke – oder ist »eine Marke«, wie es im Volksmund heißt –, in der sich die Unternehmensreputation verdichtet. Dadurch wächst der Druck auf heutige CEOs, aber auch deren Gestaltungsmöglichkeiten.

Für den modernen CEO rücken damit zwei kommunikative Fragen ins Zentrum: »Wer bin ich?«, und darauf aufbauend der Weg zur Umsetzung: »Wie repräsentiere ich mich?«

Kanäle für diese Kommunikation bilden besonders die (nicht mehr ganz so) »neuen« oder die in ihren Mechanismen drastisch gewandelten Medien. Deren Aufkommen oder Neuausrichtung fordert auch eine Neuanpassung der Rolle des CEOs. Über soziale Netzwerke, Online- und Printmedien geraten Informationen inflationär an die Öffentlichkeit. Beschleunigung und Informationsflut tragen zu einer veränderten Dynamik bei, in der der Chef mitschwingen muss. Darauf muss jeder CEO – selbstverständlich flankiert durch seine Berater – eingehen. So muss er sich nicht nur stärker gesellschaftspolitischen Debatten und Auseinandersetzungen stellen, wie beispielsweise beim langjährigen Siemens-Chef Joe Kaeser (bis Februar 2021) gegenüber der Fridays-for-Future-Bewegung, als es um den winzigen bis »rein faktisch« gar nicht vorhandenen Beitrag des Konzerns bei einem australischen Kohlekraftwerk ging.[6] Auch verengt sich durch den Takt und die Funktionsweise der Medien das Zeitfenster, durch das Reaktionen, Stellungnahmen, Strategiewechsel oder Lerneffekte nach außen getragen werden. War man früher mit einer unschönen Geschichte morgens in der Tageszeitung konfrontiert, hatte man noch fast zwölf Stunden Zeit, um bis zum Redaktionsschluss der nächsten Ausgabe darauf zu reagieren. Zwar gab es Radio, doch das »versendete sich«, wie man branchenintern sagte. Und dass die Hauptnachrichten von ARD und ZDF etwas aufgriffen, da mussten schon Dinge passiert sein, bei denen die Kommunikation darüber nur ein eher geringes Problem gewesen sein dürfte. Heute ist quasi permanent Redaktionsschluss – und nur mit Redaktionen hat man es angesichts von Millionen haupt- und ehrenamtlichen Twitterern auch nicht mehr zu tun.

Hinzu kommen neben den Umbrüchen bei den Medien auch jene in den Wirtschaftsbereichen selbst. Gerade traditionelle Branchen sind von disruptiven Trends bedroht und müssen hart und mutig reagieren, um wettbewerbsfähig bleiben. Richtungsweisend hierfür ist beispielsweise die Reaktion des früheren Daimler-Chefs Dieter Zetsche (CEO bis Mai 2019), der sich und Travis Kalanick, Uber-Gründer und Feind der traditionellen Taxibranche, als »Frenemies« bezeichnete. Zetsches Ansatz war dabei so wirksam wie die Einprägsamkeit des neu zusammengesetzten Worts, mit dem er eine Neuausrichtung der Strategie von Daimler untermauerte. Statt sich Schwächen einzugestehen, orientierte sich Zetsche am Zeitgeist von Anpassungsfähigkeit und Authentizität. Geleitet vom Vorbild innovativer Digital-Helden wie Mark Zuckerberg und Co setzte er sich auf der Noah Conference in Berlin ohne Krawatte und mit Turnschuhen mit Kalanick an einen Tisch, um Symbiosen zwischen beiden Geschäftsmodellen auszuloten und nutzbar zu machen – oder zumindest so zu tun. Ein gesundes Unternehmenskonzept ersetzt dies freilich nicht. Daher hatte sein Nachfolger Ola Källenius nach Übernahme des Staffelstabs von Zetsche auch einiges an Aufräumarbeiten einzuleiten – weit vor Corona. Sympathisch kam Zetsche allerdings in jedem Fall rüber. Wirtschaftsjournalisten mögen Bilanzen auseinandernehmen und Firmenchefs bei ihrem Versagen schelten. Durch seine Flexibilität – ob aus Überzeugung oder Kalkül – war Zetsche jedoch jenseits von Bilanzpressekonferenzen keinem scharfen Wind ausgesetzt. Geholfen haben dürften dabei auch – früher völlig abwegige – Auftritte beim Parteitag der Grünen oder im Nachhinein reichlich unrealistisch wirkende Aussagen im Jahr 2015, die Hunderttausenden nach Deutschland strömenden Flüchtlingen könnten »Grundlage für das nächste deutsche Wirtschaftswunder werden«. Wortwörtlich sagte er: »Genau solche Menschen suchen wir bei Mercedes und überall in unserem Land.«[7] Ein Jahr später hatte sein Unternehmen noch keinen einzigen eingestellt.[8] Auf die Füße gefallen sind ihm diese Fehlprognosen oder sogar handfeste Nichtentscheidungen, eben doch keinen Flüchtling einzustellen, aber nicht. Dies dürfte auch am grundsätzlichen Wohlwollen der Redakteure und Zetsches positivem Standing gelegen haben – möglicherweise hervorgerufen durch seinen frischen, nahbaren Kommunikationsstil.

Waren es der Druck der Straße, echte Überzeugung oder gar machiavellistisch beabsichtigte Schachzüge, der Fridays-for-Future-Frontfrau Luisa Neubauer einen Aufsichtsrat in der Tochterfirma Siemens Energy anzubieten? Wir werden es wohl nie erfahren. Ex-Siemens-CEO Joe Kaeser sprang jedoch über das Stöckchen von »Aktivisten«, die auf absurde Weise die Signaltechnik für Güterloks mit einem Auftragsvolumen von 18 Millionen Euro[9] dergestalt skandalisiert hatten, dass diese erst eine milliardenschwere Kohlenmine ermöglicht haben soll. Noch einige Jahre zuvor hätte der Chef eines mehr als 170 Jahre alten globalen Technologiekonzerns mit 385 000 Mitarbeitern die Angelegenheit nicht »einmal ignoriert«. Heute, angefeuert durch wohlwollende und unkritische Journalisten, wird er nahezu dahin gezwungen – und in ein Dilemma gebracht: Denn Außenstehende haben massiv am Selbstbewusstsein und Standing des CEOs gezweifelt, der sich von einer im wahrsten Sinne des Wortes Anspruchstellerin ohne fachliche Kompetenz und demokratische Legitimation und Tausenden orchestrierten Protestmails zu einer unverhältnismäßigen Anschuldigung vorführen ließ; zumal der Auftrag nicht einmal die Hälfte dessen ausmachte, was Siemens pro Stunde an Umsatz generiert. Gleichzeitig hat ihm sein »Entgegenkommen« bei der infrage kommenden Zielgruppe nicht einmal Punkte eingebracht: Er musste sich gar fragen lassen, ob es nicht ein PR-Gag und sogar der Versuch der Instrumentalisierung Neubauers war.[10] Kaeser hatte sich damit zwischen alle Stühle gesetzt – und fand erst viel später klare Worte.

Offene, mutige und authentische Kommunikation – durchaus auch gegen den Zeitgeist und die veröffentlichte Meinung – ist ein Schlüssel zu langfristigem Erfolg von deutschen Mittelständlern und Konzernchefs. Dieses Buch soll daher konkrete Handlungsanweisungen anbieten, die sich an den veränderten Rollenanforderungen von CEOs orientieren. Kommunikationsstrategien, die Lösungen dafür aufzeigen, richten sich dabei naturgemäß nach den wichtigsten Stakeholdern – von denen Protestbewegungen eine legitime, aber nicht die einzige und auch nicht durch Wahlen legitimierte Gruppe sind. Ausgehend vom Konzept des Leadership Brandings soll hierfür zuerst der zentrale Wert und Ansatz der Markenbildung beleuchtet werden. Dabei soll auch die vorteilhafte Funktion einer Markenbildung für Anbieter und Kunden aufgezeigt werden. Diese bilden die Grundlage für die Markenkommunikation, die sich stark an der Unternehmensidentität ausrichtet. Die Markenidentität wiederum bestimmt den Führungsstil. Mit ihr werden die Werte einer Marke nach innen und außen kommuniziert.

Hieran anknüpfend werden neue Herausforderungen in der Kommunikation, die besonders Visionen, persönliche Motivation und Glaubwürdigkeit betreffen, dargestellt und analysiert. Wie dies erfolgreich in der Praxis funktioniert, berichten unsere CEO-Interviewpartner – ein Kernstück dieses Buches. Davon ausgehend möchten wir Lösungsmöglichkeiten der effektiven Kommunikation und PR ausführen, die den Geschäftserfolg für Unternehmen sichern helfen. Freilich ersetzt dies nicht ein florierendes Geschäftsmodell.

Eine Marke schaffen, die sich durchsetzt

Marken bilden das zentrale Kommunikationselement für Unternehmen und den CEO. Die erfolgreiche Kommunikation von Marken ist daher im Zusammenhang mit diesem Buch von unschätzbarem Wert. Hierzu muss allerdings zunächst geklärt werden, was Markenkommunikation ist, warum die Bildung oder Pflege einer Marke so bedeutend ist und welche wichtigen Entscheidungen es in der Markenkommunikation zu treffen gilt.

Ständig wechselnde Trends, ein dynamischer Wettbewerb und erhöhte Forderungen und Ansprüche in punkto Transparenz stellen neue Anforderungen an Marken – und zwar vor allem dahin gehend, positiv abzustrahlen, auf die Stärke des Unternehmens einzuzahlen und sich unterm Strich im Wettbewerb zu behaupten. Dies ist leichter gesagt als getan. Denn nur starke – also glaubwürdige, verlässliche und als begehrt geltende – Marken schaffen es, von der Masse der Konsumenten wahrgenommen zu werden und in ihrem Bewusstsein zu verbleiben. Sie müssen nicht nur anfänglich begeistern, sondern auch nachhaltig beeindrucken.

Grundlegend für die Stärkung einer Marke ist es, deren Wiedererkennung durch die Kunden sicherzustellen – eine klare Aufgabe der Marketing- oder Kommunikationsabteilung. Die passive Markenbekanntheit (Recognition) ist hier eine Vorstufe zur »aktiven Markenbekanntheit« (Recall). Passive Markenbekanntheit ist erreicht, wenn sich der Kunde an den Markennamen erinnert, sobald er diesen liest. Ziel der Stärkung einer Marke sollte es sein, den Kunden zu veranlassen, eine Marke in Verbindung mit einem bestimmten Produkt oder einer Dienstleistung zu erinnern. Über allem thront das Ziel, ein positives und starkes Markenimage herauszubilden oder mit anderen Worten: ein einzigartiges Bild vom Produkt oder der Dienstleistung im Bewusstsein der Kunden zu etablieren.

Gründe für Markenkommunikation

Es ist naheliegend, dass Firmen eine Marke erschaffen, diese ausbauen und verteidigen. Doch für das Verständnis unseres Themas ist es wichtig, sich einmal die dahinterstehenden Gründe und (angestrebten) Mechanismen genauer anzuschauen. Die Literatur hat hier unterschiedliche Felder aufgeteilt:

- **Die Nachfragerperspektive.** Man muss nicht lange überlegen: Marken unterstützen Kunden, gezielte und schnelle Entscheidungen auch und gerade auf übersättigten Märkten zu treffen. Das Markenimage macht Inhalte für den Kunden transparent und erleichtert so die Orientierung. Das gleichbleibende, also stabile Erscheinungsbild von Marken sorgt für eine Konstante, an der der Kunde seine Entscheidung auch längerfristig ausrichtet. Aus diesem Grund wird das Design von Marken auch nur äußerst behutsam und selten weiterentwickelt.

- **Vertrauensfunktion.** Die – idealerweise positive – Ausrichtung von Marken schafft ein Vertrauensverhältnis zwischen dem Anbieter eines Produkts oder einer Dienstleistung und dem Nachfrager, das das Kaufrisiko aufseiten des Kunden subjektiv vermindert. Vertrauen als Schlüsselelement beeinflusst Produkt- oder Dienstleistungsentscheidungen beim Kunden nachhaltig. Dies macht sich vor allem dann bezahlt, wenn ein Kunde durch seine fehlende Information und Erfahrung ein Produkt im Voraus nur begrenzt einschätzen kann; etwa, wenn er sich zum ersten Mal für eine bestimmte Automarke entscheidet oder er die Marktneuheit des ihm lange vertrauten Lebensmittelproduzenten kauft. Hierbei greift dann ein Vertrauensvorschuss. Wissenschaftlich ausgedrückt: Ein gutes Vertrauensverhältnis zwischen Anbieter und Nachfrager vermindert das subjektiv empfundene Risiko und führt so zu einem Gefühl von Sicherheit. Im praktischen Leben heißt das: Apple-Jünger kampieren nächtelang vor einem Apple-Store, wenn das neueste iPhone auf den Markt kommt. Dieser Punkt leitet idealerweise zur nächsten Funktion über.

- **Prestigefunktion.** Von herausragender Bedeutung – nicht nur für Apple-Kunden – ist außerdem die Prestigefunktion der Marke. Sie ist dann besonders ausgeprägt, wenn die Käufer sofort ihre neueste Errungenschaft posten – nachdem sie vorher den Prozess des Auspackens (Unboxing) auf Video aufgenommen haben. Sie, und dazu gehören beileibe nicht nur bezahlte Influencer, übernehmen damit den Job der Marketingabteilung; freiwillig und kostenlos, nur um einige Klicks und Follower zu generieren. Markenpioniere von Coca-Cola bis Persil hätten sich solch einen Hype mit früher als obskur angesehenen Vorgängen – nämlich das Auspacken eines Produkts aufzunehmen und zu veröffentlichen, obendrein erschaffen durch die Kunden selbst – nicht im Traum vorstellen können. Aus Prestigegründen – also zum Angeben – treffen Menschen Kaufentscheidungen für bestimmte Produkte, da diese der Identitätsvermittlung dienen, indem sie gewisse Aspekte der eigenen Persönlichkeit repräsentieren. Zentral ist heute besonders auch die Stiftung von Identität, bei der Attribute der Marke übernommen und sich selbst zugeschrieben werden.

- **Differenzierungsfunktion:** Um sich gegenüber einer breiten Konkurrenz abzuheben (vor allem bei eher austauschbaren Produkten wie beispielsweise Joghurts), ist es wichtig, sich die eigene Wettbewerbsposition durch Abgrenzung des eigenen Produktes zu sichern. Die eigene Marke soll vom Kunden differenziert wahrgenommen werden (etwa mit hohen Qualitätsstandards, besonders wichtig bei Lebensmitteln), um Kunden stark und langfristig zu binden. Ist eine solche »Beziehung« erreicht, kauft der Kunde das Produkt immer wieder, empfiehlt das Produkt unter Umständen weiter – oder macht sogar freiwillig Fotos und postet sie, wird also zum Fan und privaten Markenbotschafter. Etwas Besseres kann Unternehmen nicht passieren.

- **Selbstverstärkung.** Die geschäftlichen Effekte der vorgenannten Funktionen liegen auf der Hand: Durch den gesicherten oder sogar begeisterten Kundenstamm erhält der Anbieter eine hohe Planungssicherheit. Hierdurch können nicht nur Überkapazitäten in der Produktion vermieden, sondern auch Prozesse effizienter gestaltet werden. Ein zentraler Vorteil ist dabei der enorme Wert, den eine Marke in Verbindung mit einem erfolgreichen strategischen Konzept bietet: Dienstleistungen und Erzeugnisse können zu einem deutlich höheren Preis angeboten werden, ebenfalls zu sehen bei Lebensmitteln. Markenprodukte sind teurer als die vergleichbaren Handelsmarken, die oft vom selben Fließband kommen. Anders als oft angenommen unterscheiden sie sich aber nicht nur durch die Verpackung, sondern auch etwas in der Rezeptur. Dennoch ist es die Marke, die den höheren Preis rechtfertigt und einen Mehrwert kommuniziert. Und auch für die Zukunft ergibt sich für den Anbieter eine erhöhte Sicherheit für mehr Absatz. Innovationen etwa, zwingend auf allen Märkten, aber besonders schwer im Lebensmittelbereich zu platzieren, gelingen nur, wenn dahinter eine bekannte Marke steht. Durch das Minimieren von Risiken eröffnen sich dadurch neue Möglichkeiten zu Aufbau und Ausdehnung der Marke – und zwar bezogen auf neue Produkte, aber auch bislang nicht bediente geografische Märkte. Daneben können durch eine starke Marke längerfristig auch Verhandlungspositionen verbessert werden: Ist die Marke aus dem Angebot aufgrund der starken Kundennachfrage nicht mehr wegzudenken, wird sie unabdingbar für das Sortiment. Aus diesem Grund haben sich selbst die Lebensmitteldiscounter Markenprodukten geöffnet, da Kunden sonst in andere Geschäfte abwandern würden.

- **Employer Branding.** Auch um neue Arbeitskräfte zu rekrutieren, sind Marken von Bedeutung – und diese eher junge Markenfunktion nimmt zu, zumindest in Vor-Corona-Zeiten. Employer Branding soll Bewerbern, aber auch den Mitarbeitern signalisieren, wofür das Unternehmen steht und was es einzigartig macht. Der Hintergrund ist simpel: (Potenzielle) Arbeitnehmer sollen gern und ohne Hemmungen sagen, wo und für wen sie arbeiten. Wer bei einer Party auf die Frage »Und was machst du so?« herumdrucksen würde, arbeitet definitiv bei einem Unternehmen oder einer Branche mit schlechtem Employer Branding. Obwohl diese Funktion vornehmlich auf den Bewerbermarkt ausgerichtet ist und auch in Literatur wie Medien so beschrieben wird, gilt sie prinzipiell auch für die bereits bestehende Belegschaft. Obendrein können durch eine starke Position auf diesem Gebiet auch Strahleffekte auf andere Märkte erreicht werden. Denn schafft es ein Unternehmen, durch seine Arbeitgebermarke kompetente und leistungsstarke Mitarbeiter zu rekrutieren, signalisiert es auch nach außen hin Kompetenz, Anpassungsfähigkeit und Vitalität. Diese Eigenschaften stehen im Umkehrschluss für das Markenimage und beeinflussen dieses positiv. Eine besonders attraktive Positionierung als Arbeitgeber erreichen regelmäßig die Autobauer Porsche und BMW sowie die Technologieunternehmen Bosch und Festo. Im »War for Talents« erhöht sich der Konkurrenzdruck einzelner Firmen um die besten Mitarbeiter. Durch erfolgreiches Employer Branding kann ein strategischer Vorteil im Wettbewerb um Nachwuchstalente und begehrte Spezialisten entstehen.

Marken sind also bedeutende immaterielle Vermögenswerte für Unternehmen. Um die beschriebenen Funktionen von Marken zum Tragen kommen zu lassen, muss indes professionelle Markenkommunikation geleistet werden. Neben der handwerklichen Designarbeit, etwa dem Kreieren eines ansprechenden Logos, ist die mit Abstand wichtigste Säule der Markenkommunikation die Vertrauensfunktion. Ob das Ringen um Vertrauen und das In-Szene-setzen der Marke – beide zielen auf eine gelungene Kommunikation zwischen Unternehmen und Nachfrager. Ziel ist Identitätsvermittlung und Identitätsstiftung. Und um diese zu erreichen, müssen die gewünschten Eigenschaften der Marke durch geeignete Strategien, Instrumente und Kanäle an den Kunden kommuniziert werden. Dafür jedoch muss man dicke Bretter bohren und Zeit investieren. Dass Kunden Vertrauen gegenüber Firmen, Produkten und Dienstleistungen aufbringen, muss man sich hart erarbeiten – was von der Chefetage ausgehen und verkörpert werden sollte. Geschickt gemacht, wird dadurch die Einführung von (neuen) Produkten und Dienstleistungen entscheidend unterstützt.

Für Ernst Prost, Geschäftsführer der Liqui Moly GmbH, hat eine Marke fast einen Heiligenstatus: »Eine Marke ist mehr als das ›Ding‹, das man nach außen trägt. Eine Marke ist ein Leistungsversprechen, eine Philosophie, mehr Religion als Logo; mehr ein Grundgesetz als nur bunte Bilder. Eine Marke muss allerdings gelebt werden, angefangen beim Pförtner. Alle machen Marketing: Es nützt nichts, wenn man eine tolle Wort-Bild-Marke hat und es geht keiner ans Telefon, wenn der Kunde anruft.« (Vgl. »Experteninterview«.)

Strategien und Entscheidungen in der Markenkommunikation

Zu der erfolgreichen Umsetzung der hier beschriebenen Funktionen leistet die Kommunikationsabteilung einen entscheidenden Beitrag. Je nach Aufgabenverteilung werden dort oder im Bereich Marketing Kommunikationsstrategien entwickelt, die sich auch der beabsichtigten Identität der Marke widmen. Wie erwähnt: Die Markenidentität bildet das Fundament der Marke und bestimmt die Richtung, mit der bestimmte Eigenschaften und Werte einer Marke nach innen und nach außen kommuniziert werden. Das angepeilte Bild oder Image einer Marke bezieht sich dabei auch auf die eigenen Mitarbeiter, die dieses repräsentieren, aber vorrangig auf die Wirkung beim Kunden. Hierbei kann es durchaus zu einem Unterschied kommen zwischen dem Bild, das beim Kunden tatsächlich geschaffen wird, und dem beabsichtigten Effekt. Diese beiden Punkte müssen abgeglichen werden. Denn das Markenimage entsteht außerhalb des Unternehmens in den Köpfen der Kunden und ergibt in seiner Summe die Reputation der Marke. Diese beeinflusst unter anderem die Gewinnung neuer Kunden, aber auch die Bindung von Bestandskunden.

Hierbei gilt es, das Image so klar und unverwechselbar wie möglich zu gestalten und es vor allem durch eine klare Positionierung von anderen Marktteilnehmern abzugrenzen. Im Zentrum steht hier die Klärung der eigenen Markenkompetenz und auch die bereits erwähnte Frage nach dem »Wer bin ich?«. Die Beantwortung dieser Frage ergibt sich aus den Feldern:

- »Wie bin ich?«
- »Wie trete ich auf?«
- »Über welche Eigenschaften verfüge ich«?
- »Was biete ich an?«

Bei der Klärung der Frage »Wie bin ich?« können beispielsweise Persönlichkeitsmerkmale das Auftreten der Marke definieren. So müssen die Eigenschaften der Marke festgelegt werden, die sich an menschlichen Eigenschaften orientieren und somit auch mit Personen verknüpft werden können. Dazu gehören die bereits erwähnten Attribute Glaubwürdigkeit, Respekt (der einem entgegengebracht wird), Fairness, aber auch Teamorientierung und viele mehr.

Jakob Mähren: »Wir kommunizieren klar und deutlich, was wir sind.«

Jakob Mähren ist Gründer und CEO der MÄHREN AG. Der gebürtige Berliner ist leidenschaftlicher Immobilienunternehmer und einer der profiliertesten CEOs der Branche.

Kerngeschäft der MÄHREN AG ist der Ankauf, die Entwicklung und Bestandshaltung von Mehrfamilienhäusern, Wohn- und Geschäftshäusern sowie Wohnanlagen. Der Fokus liegt auf der Metropolregion Berlin, dem Rhein-Ruhr-Gebiet, ostdeutschen Mittelzentren, Norddeutschland und dem Münchner Ballungsraum. Das Unternehmen konnte in den vergangenen drei Jahren Transaktionen von mehr als einer Milliarde Euro realisieren und hält derzeit 2.000 Einheiten an Wohn- und Gewerbeflächen.

Herr Mähren, Kompliment, Sie haben eine fulminante Karriere hingelegt. Welche drei Faktoren waren aus Ihrer Sicht entscheidend für den Erfolg?

Gutes Timing, Mut und Entschlossenheit bilden die Eckpfeiler jedes Erfolgs.

Die wichtigsten Schritte sind, vorausschauend den richtigen Moment abzupassen, diesen zu nutzen und konsequent zu handeln. Gewinner oder Verlierer erkennt man bereits am Anfang jedes Handelns, bei dem Zögern die schlechteste und im Endeffekt anstrengendste Form ist. Der Konjunktiv ist die Sprache der Verlierer, während der Indikativ als aktive Form für Mut und Entschlossenheit steht, die über den Erfolg eines jeden Einzelnen entscheiden. Als der Immobilienmarkt Anfang 2000 am Boden lag, habe ich begonnen, mein Geschäft aufzubauen. Als die gesamte Immobilienbranche noch auf A-Lagen gesetzt hat, habe ich bereits in B-und C-Lagen investiert – zum Beispiel in zahlreiche Miethäuser rund um die Rütli-Schule in Neukölln. Und zwar zu einer Zeit, als diese nahezu täglich in der Presse war und der Norden von Neukölln in ganz Deutschland als sozialer Brennpunkt galt. Auf der anderen Seite begann diese Ecke bei jungen Leuten gerade hip zu werden. Viele meiner Freunde gingen nicht mehr in Charlottenburg oder Kreuzberg aus, sondern in diesem Kiez. Da war mir klar, dass das ein Gebiet mit großem Entwicklungspotenzial werden könnte. Also griff ich mutig und entschlossen zu und wurde belohnt: Neukölln hat sich mittlerweile zum Szenebezirk entwickelt und ich konnte über 30 Häuser in der Hochphase zu einem sehr guten Preis verkaufen. Letztendlich zieht sich das Motto »The fast eat the slow« wie ein roter Faden durch mein Leben. Nach dem Abitur habe ich mir mein erstes Geld als Daytrader an der Börse verdient. Auch beim Börsenhandel kommt es auf Schnelligkeit an. Wer zu lange zögert, hat verloren. Mit dem an der Börse verdienten Geld habe ich 2002 die erste Immobilie gekauft und meine Firma, die heutige MÄHREN AG, gegründet. Die Preise waren so am Boden, dass jeder hätte einsteigen können. Es hat aber nicht jeder gemacht. Gutes Timing, Mut und Entschlossenheit sind zwar die Basis für Erfolg, man muss dann aber auch professionell liefern, sonst ist es mit dem Erfolg ganz schnell vorbei.

Der Erfolg der MÄHREN AG basiert auf 20 Jahren harter Arbeit und konsequentem Handeln. Auch ich hatte damals zwar nicht die optimalen Voraussetzungen. Aber ich hatte den Mut, den ersten weichenstellenden Schritt in die richtige Richtung zu gehen. Klar war ich zur richtigen Zeit am richtigen Ort – aber Millionen andere auch. Was mich von ihnen unterscheidet ist, dass ich gehandelt habe.

Sie sind sehr aktiv in der Presse. Hat das zu Ihrem Erfolg beigetragen?

Absolut! Unsere Pressearbeit hat dazu beigetragen, die Marke MÄHREN zu festigen und dem Unternehmen mit mir als CEO ein Gesicht zu geben. Leider habe ich damit zu spät angefangen. Im Gegensatz zu anderen Akteuren aus der Immobilienbranche musste ich mir zunächst ein Netzwerk aufbauen. Dabei hat mir die Presse- und Öffentlichkeitsarbeit enorm geholfen. Anfangs haben wir Mailings an die Branche verschickt und gute Resonanz bekommen. Erst waren die Leute überrascht und auch skeptisch, weil ich so jung war. Genau das habe ich zu meinem Alleinstellungsmerkmal gemacht. Ich hatte Gelegenheit, meine Geschichte zu erzählen. Jemand, der Thyssen oder Quandt heißt, kann vielleicht auf Öffentlichkeitsarbeit verzichten, aber für einen Nobody wie mich war sie unersetzlich. Die Presse präsentierte mich als jüngsten Immobilieninvestor Berlins, erfolgreich und auf Wachstumskurs. So wurden Banken, Käufer, Verkäufer und Geschäftspartner auf mich aufmerksam.

Wie sollte ein CEO in der Öffentlichkeit agieren?

Das ist abhängig von der Persönlichkeit. Nicht jeder will unbedingt in der Öffentlichkeit stehen und nicht jeder möchte mit dem Gegenwind umgehen, der einem von Zeit zu Zeit ins Gesicht bläst. Ich persönlich schätze eine offene Kommunikation und empfinde das als eine respektvolle Geste gegenüber meinen Geschäftspartnern. Jeder kann mich googeln und weiß sofort Bescheid, mit wem er es zu tun hat. Das beantwortet bereits im Vorfeld viele Fragen.

Welchen Stellenwert hat die tadellose Reputation Ihres Unternehmens für Sie?

Eine gute Reputation ist besonders in der Immobilienbranche enorm wichtig. Das gilt für den B2C- ebenso wie für den B2B-Bereich. Wer sich nicht um die Interessen seiner Geschäftspartner – ob Banken, Makler oder Verkäufer – kümmert und seinen Verbindlichkeiten nicht pünktlich und akkurat nachkommt, riskiert seinen guten Ruf. Die Branche ist kleiner als man denkt und Fehler oder Nachlässigkeiten sprechen sich sehr schnell herum. Meine Entscheidung, die Firma MÄHREN zu nennen, traf ich aus dem Bewusstsein heraus, mit meinem Namen für mein Unternehmen und meine getroffenen Entscheidungen einzustehen. Einen Firmennamen kann man jederzeit ändern, den Familiennamen nicht.

Über welche Eigenschaften sollte der CEO eines Immobilienunternehmens heutzutage verfügen?

Die Immobilienwirtschaft ist überwiegend Old Economy. Etablierte Marktplayer haben Tausende von Wohnungen im Portfolio, bleiben für die Öffentlichkeit aber weitestgehend unsichtbar, weil sie ihre Geschäfte hinter verschlossenen Türen abwickeln. Derzeit bricht in diese traditionelle Welt aber immerhin mehr New Economy ein: Junge Unternehmer, die die Öffentlichkeit suchen und die sozialen Medien ebenso selbstverständlich wie Start-ups nutzen. Ich denke, dass eine offene Kommunikation und digitale Kompetenz auch in der traditionsgeprägten Immobilienbranche immer wichtiger werden. Als ich um die Jahrtausendwende mit dem Geschäft anfing, war ich einer der wenigen, die ein Blackberry benutzten. Viele ließen sich damals Angebote per Fax oder gar ausschließlich per Post zusenden. Weil ich auf diese Weise neue Angebote auch unterwegs empfangen konnte, war ich anderen Investoren immer einen Schritt voraus und habe auf diese Weise viele gute Geschäfte an Land gezogen.

Heute kommuniziere ich laufend mit Geschäftspartnern und Mitarbeitern neben Telefon und E-Mails auch über Messaging-Tools und Social Media-Kanäle. Direkte Kommunikation und gute Erreichbarkeit sind heute einer der wichtigsten Erfolgsfaktoren. Bei der MÄHREN AG sind wir es zudem gewohnt, bei Bedarf ortsunabhängig agieren zu können und in Videomeetings alle unternehmerischen Entscheidungen zu treffen, bei denen wir früher noch im Büro zusammengesessen haben. Die Digitalisierung ist auch in der Immobilienbranche nicht aufzuhalten. Die Immobilienbranche ist ein seit Jahren und aus alter Tradition bestehender geschlossener Kreis, in den es sehr schwer ist, aufgenommen zu werden. Besonders eng gezogen sind die Kreise in Hamburg oder München. Hier sind einflussreiche Kontakte oder viel Geld der Schlüssel; für außenstehende Mitstreiter ohne hohes Startkapital oder bekannten Familiennamen ist es nahezu ein Akt der Unmöglichkeit, erfolgreich integriert zu werden. Aus eben diesen Gründen wurde es auch mir nicht leicht gemacht, in den Markt einzusteigen. Es war genau die richtige Entscheidung, die MÄHREN AG in Berlin zu gründen und hier zu etablieren und ich würde es jederzeit wieder genauso machen.

Wie stark sollte der CEO die Unternehmenswerte repräsentieren?

Der CEO muss Vorbild, Motivator und Aushängeschild des Unternehmens sein. Denn »The speed of the boss is the speed of the team«. Als CEO sollte man Visionär und Ideengeber sein und seine Mitarbeiter inspirieren. Auch in dieser Position sollte man sich aber fragen, was man selbst vom Leben will und wie sich das mit der Firma vereinbaren lässt. Mein Lebensziel war es schon immer, viel zu reisen, um neue Kraft zu tanken und mit neuen Ideen zurückzukommen. Ganz nach dem Leitspruch »Wenn du zu viel arbeitest, hast du weniger Zeit Geld zu verdienen« ist es effektiv, auch mal den Blickwinkel zu ändern und den täglichen Kreislauf zu unterbrechen.

Welcher Leitsatz prägt Ihre Außenkommunikation?

Der Leitsatz steht auf unseren Visitenkarten: »Wir kaufen Miethäuser«. Andere Immobilienunternehmen arbeiten mit Anglizismen wie Real Estate oder toll klingenden Worthülsen. Wir kommunizieren klar und deutlich, was wir sind: Miethausexperten. Seit ich vor 20 Jahren anfing, habe ich mir in meiner Karriere deutlich mehr als 100.000 Miethäuser angeschaut. Ich kann anhand von drei Eckdaten erkennen, ob ein Haus ein guter Deal ist oder nicht. Wir können uns ohne zu übertreiben als der Miethausexperte bezeichnen – und genau so wollen wir auch wahrgenommen werden.

Welche Trends werden die Kommunikation der Immobilienbranche in Zukunft prägen?

Wie in allen anderen Branchen wird die fortschreitende Digitalisierung auch in der Immobilienwirtschaft für mehr Transparenz und eine effektivere, standortunabhängige Kommunikation sorgen. Die Immobilienbranche ist zwar ein langsamer Tanker, aber wenn er fährt, dann fährt er. Der Tanker hat sich in digitales Fahrwasser begeben und fährt langsam in Richtung Zukunft. Andere Länder wie etwa die USA sind in Sachen Transparenz schon weiter. Nahezu jeder Immobilien-Deal ist dort mit den Namen des Käufers und Verkäufers sowie dem Preis öffentlich zugänglich. Erste Schritte in diese Richtung sind aktuell auch in Deutschland zu beobachten.

Betrachtet man die neue Vielfalt an technischen Möglichkeiten, zeigt sich ein weiterer Trend, der beispielsweise durch autonome Fahrzeuge oder ganz neuartige Mobilitätskonzepte dazu führt, dass Standorte nicht mehr die wichtigste Rolle als Indikator für den Erwerb einer Immobilie spielen. Ehemals unattraktive Lagen, werden wieder attraktiver. Dieses Zusammenspiel von neuen Kommunikationstools und davon unabhängiger Standortwahl vergrößert den Radius der Immobilienbranche enorm.

Meiner Meinung nach wird sich die Blockchain-Technologie früher oder später auch in der Immobilienbranche etablieren und viele Wege verkürzen. Hohe Transaktionskosten und immense Gebühren für Gutachter, Makler sowie Notarkosten würden entfallen. Ein weiterer positiver Aspekt wäre die Reduktion des Verwaltungsaufwandes von Grundbuchämtern, die für alle Beteiligten eine hohe Zeitersparnis mit sich bringen würde. Zahlreiche Arbeitsaufgaben von Menschen würden im gleichen Zuge durch Maschinen ersetzt werden – jeder Wandel hat seine Vor- und Nachteile, man muss für sich selbst den besten Weg finden, damit umzugehen.

Sie sind seit 20 Jahren am Markt präsent. Wie haben sich in dieser Zeit Ihre Kommunikationsmittel, -Formate und Botschaften verändert?

Die Botschaft hat sich nicht verändert: »Wir kaufen Miethäuser und Wohnanlagen«. Das sagen wir, seit es die MÄHREN AG gibt und halten den Claim seitdem bewusst einfach, um unser Geschäftsmodell so klar und verständlich wie möglich zu kommunizieren. Wir glauben, dass dies einer der Gründe für unseren Erfolg ist. Daneben präsentieren wir uns als Unternehmen weitaus offener und transparenter als in der Vergangenheit. Aus unserer Sicht auch eine der Säulen unseres

Erfolges, da wir der Überzeugung sind, dass Geschäftspartner heute genau wissen wollen, mit wem sie Geschäftsbeziehungen aufbauen.

Die Kommunikationsmittel und -formate dagegen haben sich in den vergangenen 20 Jahren natürlich deutlich gewandelt. Wir setzen zwar weiterhin auf altbewährte Kommunikationsformen wie Telefon, Broschüren oder Briefversand, nutzen mittlerweile aber auch sämtliche digitalen Kanäle. Unsere Webseite sehen wir als wichtiges Kommunikations- und Vertriebstool, wir bespielen darüber hinaus intensiv unsere Social-Media-Kanäle mit verschiedenen Inhalten, verschicken Newsletter und setzen digitale Kampagnen ein, um unsere Zielgruppen anzusprechen. Im täglichen Geschäft kommunizieren wir untereinander und mit Partnern über diverse Messaging-Tools und nutzen Videocalls, um uns inhaltlich abzustimmen und schnelle Entscheidungen treffen zu können.

Sie sind stark auf Sozialen Medien präsent, sogar gleich zwei Mal auf Instagram, privat und geschäftlich. Auf welcher Strategie basiert Ihr Social Media-Konzept?

Social Media ist die Kommunikationsform der Stunde und noch viel mehr der Zukunft. Wir setzen unsere Kanäle bewusst ein, um uns als modernes Unternehmen transparent zu positionieren und unsere Unternehmensbotschaften zu transportieren. Auf der einen Seite wollen wir unsere Kompetenz darstellen, unser Wissen teilen und mit interessierten Menschen in den Dialog treten. Andererseits wollen wir zeigen, dass bei uns ganz normale und sympathische Menschen arbeiten. Solch ein offenes Konzept ist in der Immobilienbranche eher unüblich. Wir denken aber, dass das Immobilienbusiness vor allem auch ein People

Business ist und viele Branchenteilnehmer gerne Geschäfte mit Firmen und Menschen machen, die ihnen sympathisch sind und mit denen man auf Augenhöhe agiert.

Das gilt auch für mich als CEO. Über meine privaten Social Media-Aktivitäten kann sich jeder von mir ein Bild machen und für sich entscheiden, ob er oder sie in Kontakt mit mir treten möchte. Man muss natürlich daran auch Spaß haben und solch ein öffentliches Leben mögen, sonst wirkt es nicht echt. In meinem Fall kann ich nur Positives berichten. Ich finde es extrem spannend, sich über soziale Medien mit Menschen aus der ganzen Welt auszutauschen, sich inspirieren zu lassen und in einigen Fällen sogar Geschäfte anzubahnen.

Die Immobilienbranche steht politisch und gesellschaftlich unter Beschuss. Sie halten dagegen und positionieren sich deutlich – offenbar schadet das Ihrem Geschäftserfolg nicht. Wünschen Sie sich ähnlich klare Worte von Ihren Kollegen oder sind Sie froh über Ihr »Alleinstellungsmerkmal«?

Das muss in erster Linie jeder für sich entscheiden. Nicht jeder steht gern im Rampenlicht. Doch wer bereit dazu ist, sollte es aus meiner Sicht tun. Denn Unternehmenslenker und andere führende Persönlichkeiten haben meiner Ansicht nach auch die gesellschaftliche Aufgabe, Positionen zu vertreten und sich dafür einzusetzen. Wir Menschen haben grundsätzlich das Bedürfnis, nach gemeinsamen Werten zu leben. Diese Werte müssen benannt und diskutiert werden, so dass jeder Einzelne seinen eigenen Wertekanon entwickeln kann.

Ich bin der Überzeugung, dass die meisten Menschen eine klare Meinung schätzen. Das höre ich zumindest oft, wenn ich mit Geschäftspartnern und Bekannten spreche. Was ich nicht akzeptiere ist, dass man für seine Meinung persönlich angefeindet und sogar bedroht wird. Das ist eine Entwicklung, die mir Sorgen bereitet.

Welche Rolle spielt bei Ihnen soziales Engagement – und wie offensiv sollten Unternehmen mit den dazugehörigen »guten Taten« als Teil ihrer Kommunikationsstrategie umgehen?

Wir wurde schon früh klar, dass man neben kontinuierlicher Arbeit und Mut durchaus auch ein wenig Glück benötigt, um Erfolg zu haben. Ich bin sehr dankbar, dass mir das Schicksal bisher keine Steine in den Weg gelegt hat, da mir sehr bewusst ist, dass es anderen Menschen nicht so gut geht. Ich möchte daher etwas von dem zurückgeben, was ich mir erarbeitet habe. Gerade Kinder sind schutzlos und benötigen so viel Hilfe wie möglich. Daher bringe ich mich gerne mit der Jakob Mähren Stiftung für soziale Zwecke ein, um zumindest ein wenig zur Verbesserung beizutragen.

Dieses Engagement ist aber kein aktiver Teil unserer Kommunikationsstrategie. Ich als Initiator und die MÄHREN AG gehen mit den Stiftungsprojekten zwar offen und transparent um, wir nutzen die Aktivitäten aber nicht für PR- oder gar Vertriebszwecke. Es ist nicht das Ziel, das soziale Engagement für unternehmerische Zwecke einzuspannen, sondern schlicht, hilfsbedürftigen Menschen zu helfen.

Erwartungen an CEOs – und ihre verschiedenen Rollen

»Was man nicht kommunizieren kann, kann man auch nicht umsetzen«, schreibt kurz wie treffend Jan Hiesserich in seinem empfehlenswerten Buch *Der CEO-Navigator*.[11] CEOs müssen demnach »exzellente Kommunikatoren« sein.[12] Schließlich sind Anforderungen und Zielgruppen mannigfach: »Seien es Mitarbeiter, Investoren, Kunden, Zulieferer oder gesellschaftliche Akteure, der CEO wird zur Projektionsfläche einer Vielzahl teils berechtigter, teils widersprüchlicher, teils übersteigerter Interessen und Erwartungen.«[13] Diese Ansprüche zu befriedigen, ist herausfordernd und gleichzeitig ein essenzieller Teil der Arbeit. Hinzu kommt, dass die Fähigkeit hierzu mit der Ernennung zum obersten Chef nicht automatisch mitgeliefert wird, wie Hiesserich einen Manager zitiert: »Das klingt immer so einfach: Der war ja schon Vorstand, dann wird er jetzt eben Vorstandsvorsitzender. Aber dieser Schritt ist gewaltig und daran sind nicht wenige gescheitert.«[14]

Dieser Karriereschritt stellt also auch kommunikationstechnisch eine große Hürde dar. Entsprechend professionell sollte man sich darauf vorbereiten, sonst könnte es schnell die finale Karrierestufe sein. Und zu dieser Vorbereitung gehört vor allem, die (verschiedenen) Anliegen der Anspruchsgruppen zu verstehen. Hiesserich berichtet von Untersuchungen, denen zufolge die CEOs die neuen Kommunikationsanforderungen als »überraschend hoch« empfanden, und zwar in puncto Zeitaufwand, Komplexität und dass überhaupt ein so großes öffentliches Interesse an der Person bestehe. Das Urteil der Befragten: Sie seien »durch ihre vorherigen Aufgaben und Funktionen nicht systematisch und ausreichend auf die Kommunikationsanforderungen als Vorstandsvorsitzende vorbereitet worden.«[15]

»Reputation ist ein enorm wichtiger Faktor, da Bankgeschäfte eng mit Vertrauen und Sicherheit verbunden sind. Deshalb war und ist es für uns von enormer Wichtigkeit, in allen Märkten als ein vertrauensvoller Partner wahrgenommen zu werden«, sagte uns Alexander Weber, Chief Growth Officer der Smartphonebank N26. Studien über den Einfluss und das Ausmaß der Reputation auf den Erfolg von Unternehmen erscheinen oft widersprüchlich. So zeigt eine Studie der Boston Consulting Group, dass sich Image und Ruf des CEOs zu 15 bis 20 Prozent im Aktienwert des Unternehmens niederschlagen.[16] Dies kann als besonderer Anreiz gelten, sich als CEO ins Rampenlicht zu begeben. Eine Meinungsumfrage von *Wirtschaftswoche*/Burson-Marsteller kommt zu einem ähnlichen Ergebnis. So wird das Ansehen eines Unternehmens in der Öffentlichkeit zu etwa zwei Dritteln von der Führungsperson bestimmt. Darüber hinaus hat der Ruf Einfluss auf die Entscheidung von Anlegern, Aktien zu erwerben. Ein gutes Image des CEOs hat aber auch einen nachhaltigen Effekt bei einer Krise des Unternehmens.[17] Seine Reputation dient so als Fallschirm für das Unternehmen im Falle eines Falls und kann es in Krisenzeiten abfangen.

Sechs der zehn Befragten der Meinungsumfrage der *Wirtschaftswoche* gaben außerdem an, dass sich ihre mediale Aufmerksamkeit für ein Unternehmen erhöhte, sofern sie den CEO schätzten. Im Hinblick auf die bloße Prominenz des CEOs belegen Studien jedoch auch gegenteilige Effekte: So wird auf den sogenannten Tycoon-Faktor verwiesen, nach dem sich die Performance eines Unternehmens mit der wachsenden Prominenz des CEOs verschlechtert.

Für die Positionierung des CEOs ergibt sich daraus: Nicht nur die schiere Präsenz ist ausschlaggebend. Vielmehr kommt es darauf an, ein differenziertes Verständnis für die Erwartungshaltung der Öffentlichkeit an die eigene Person zu entwickeln. Nur so kann die Vermittlungskompetenz des CEOs gezielt gestärkt werden, ohne dass die Sachkompetenz leidet. Denn die widersprüchlichen Ergebnisse der Studien weisen auch auf ein verändertes Anforderungsfeld hin. Öffentliche Meinungsbildung beschränkt sich nämlich nicht mehr nur auf mediale Auftritte und Pressearbeit.

Hinzu kommt unter anderem die völlig unterschiedliche und ausdifferenzierte Erwartung der verschiedenen Stakeholder. Ihnen muss man es irgendwie recht machen, selbst wenn sie mitunter vollkommen konträre Interessen haben. Unser Interviewpartner Stefan Wolf ist Vorstandsvorsitzender des börsennotierten Automobilzulieferers ElringKlinger, gleichzeitig seit 2012 Vorsitzender des Arbeitgeberverbandes Südwestmetall und seit Neuestem auch von Gesamtmetall auf Bundesebene. Er sagte uns zu dieser Mehrfachrolle: »Als Aktiengesellschaft müssen wir bei der Kommunikation natürlich gewisse Vorschriften einhalten. Dennoch versuche ich, ElringKlinger wann immer möglich als zuverlässigen Partner der Automobilhersteller sowie attraktiven Arbeitgeber in der Öffentlichkeit zu positionieren. (...) Als Südwestmetall-Vorsitzender vertrete ich die Interessen unserer rund 1000 tarifgebundenen Betriebe. Gerade in der Kommunikation ist dies ein schmaler Grat, denn an den von uns vertretenen Unternehmen hängen auch mehr als 500 000 Mitarbeiterinnen und Mitarbeiter, denen unsere Aussagen oftmals überhaupt nicht passen. Hier halte ich es dann mit dem Regisseur August Everding: ›Die höchste Form der Kommunikation ist noch immer der Dialog‹.« (Vgl. »Experteninterviews«.)

Dabei gilt es nicht nur, ein positives Image bei und in den Medien zu generieren. Der Kapital-, Arbeits- und Absatzmarkt ist da genauso wichtig. Es liegt in der Natur der Sache, dass die dortigen Akteure – Geldgeber, Anteilseigener, Gewerkschaften, Lieferanten, Mitarbeiter und viele mehr – verschiedene Rollen,

Aufgaben und Selbstverständnisse haben, die sich in verschiedenen Kernbotschaften niederschlagen. Diese Botschaften müssen sich nicht zwangsläufig widersprechen (können aber). Sie heben nur auf jeweils andere Schwerpunkte ab. Außerdem ist es von der Branche abhängig, ob die Protagonisten im Kreuzfeuer der Medien, der Politik oder Pressure-Groups stehen. Besonders schwierig wird dieser Spagat, wenn es sich um internationale Unternehmen handelt: mit Aktionären aus Katar, einem starken Absatzmarkt in China und Produktionsstätten und Medien in Deutschland. Da kann es schon passieren, dass man sich verheddert. Vor allem wenn es um Werte und Themen geht, die in Deutschland und anderen Ländern der westlichen Welt als selbstverständlich gelten, im Nahen und Fernen Osten aber anders gewichtet werden. Noch schlimmer wird es, wenn man einen wunden Punkt trifft.

So postete Daimler-Benz Anfang 2018 auf Instagram das Foto eines Mercedes-Modells –flankiert durch ein Zitat des Dalai Lamas: »Betrachte Situationen von allen Seiten und Du wirst offener.«[18] China jedoch betrachtete diese Situation ganz und gar nicht von allen Seiten – und offener wurden nur die Schleusentore, durch die eine Flut der Entrüstung den Autobauer überschwemmte. China hatte Tibet 1950 annektiert und es ist seitdem in seinem Selbstverständnis und de facto fester Bestandteil der Volksrepublik. Und so folgten dem Post keine Herzchen und bestätigende Kommentare, sondern Kritik und zornige Äußerungen in staatlichen Medien und sozialen Netzwerken. Die Zeitung der Kommunistischen Partei warf Daimler vor, sich »zum Feind des chinesischen Volkes gemacht« zu haben.[19] Schließlich ist das geistliche Oberhaupt der Tibeter für die Partei ein lästiger Störfaktor. Ein Konzern, der ihn als Testimonial nutzt, muss sich tief in den Staub werfen: Für die fällige Bitte um Entschuldigung wurden allerdings nicht Instagram, Facebook oder Twitter bemüht. Vielmehr formulierten der damalige Daimler-Vorstandsvorsitzende

Dieter Zetsche und der China-Chef des Unternehmens, Hubertus Troika, ganz klassisch einen Brief an den chinesischen Botschafter in Berlin. Man bedauere den Fehler, der die Menschen in China verletzt habe.[20] Mercedes löschte den Instagram-Post und schrieb im sozialen Netzwerk Weibo eine Entschuldigung: Das Unternehmen habe unverzüglich Maßnahmen eingeleitet, »um unser Verständnis der chinesischen Kultur und Werte weiter zu vertiefen.«[21]

Es liegt in der Natur der Sache, dass der Autobauer dabei wiederum westliche Kultur und Werte ignorieren musste – und hiesige Zeitungen, die von keiner Partei gelenkt werden, dies kritisierten. Die FAZ bezeichnete dies kulturell naheliegend als »Kotau« und »unwürdiges Schauspiel«. In der Süddeutschen Zeitung hieß es: »Die Welt verfolgt mit Grusel und Spott, wie Daimler vor Peking zu Kreuze kriecht.«[22] Gerade China ist nicht zimperlich – selbst bei aus unserer Sicht harmlosen und völlig unpolitischen Äußerungen –, ausländische Firmen zu maßregeln. Ein ähnliches Muster ereignete sich mit der Hotelkette Marriott, der US-Fluggesellschaft Delta oder dem spanischen Modekonzern Zara.

Dies sind Ausnahmesituationen – noch. Denn sie werden mit steigendem Selbstbewusstsein und Wirtschaftsstärke anderer Staaten, allen voran China, zunehmen. Das Beispiel zeigt hervorragend mögliche Zielkonflikte – und funktioniert auch nur, wenn eine Seite toleranter ist. So durfte Daimler davon ausgehen, dass ein vergleichbarer und organisierter Entrüstungssturm durch die deutsche Bundesregierung oder die Daimler-Kunden ausbleiben wird, von einer eintägigen Thematisierung in deutschen Medien einmal abgesehen.

Die Berichterstattung sollte allerdings – angesichts verschiedener Stakeholder mit unterschiedlichen Interessenlagen – nicht allein im Zentrum der CEO-Positionierung stehen. Wichtiger ist eine Definition der Rollenerwartungen, die alle relevanten Stakeholder miteinbezieht. Welche Erwartungshaltung zeichnet beispielsweise Investoren aus? In welcher Rolle sehen Mitarbeiter oder Kapitalmarktteilnehmer den CEO dagegen? In welches Fettnäpfchen kann man bei der Kommunistischen Partei und einer patriotisch gesonnenen Zielgruppe des größten Absatzmarkts treten?

Erst in einem zweiten Schritt sollte es deshalb um die Aufbereitung durch die Presse gehen – wobei diese mit den Aktivitäten und Interessen der vorgenannten Zielgruppen zusammenhängen kann. Denn zweifelsohne kommt der Aufbereitung der Medien eine entscheidende Rolle zu. Diese berichten entweder aus freien Stücken oder aber reflektieren Aktionen und Reaktionen von Stakeholdern (oder folgen Anweisungen von oben, wie im Falle Chinas). Sie können jedoch nicht mit der öffentlichen Meinung gleichgesetzt werden, obwohl sie diese stark beeinflussen. Veröffentlichte und öffentliche Meinung können durchaus identisch sein. Doch durch eine bloße Beschränkung der Kommunikation auf die Medien würde der Großteil der relevanten Zielgruppen vernachlässigt. Vielmehr ist die Kommunikation mit den Medien, wie schon der Name sagt, ein Mittel – allerdings nicht nur. Klassische Medien – also jene mit Redaktionen und dem Selbstverständnis von Gatekeepern für Themen, Aspekte und Protagonisten – sind kein reiner Vertriebskanal mehr. Sie sind eigenständiger Akteur, ein Machtfaktor, weshalb sie mitunter auch vierte Gewalt im Staate genannt werden. Der Theorie nach – und so ist es die Absicht all jener, die Medien als Sprachrohr nutzen – sollen sie die öffentliche Meinung beeinflussen helfen. Ein Ziel dabei ist, die Position des Unternehmens/der Organisation gegenüber wichtigen Zielgruppen zu verbessern – und diese entsprechend zu überzeugen. »Jede Rede, jedes Gespräch, jeder Vortrag dient der Überzeugung. Manager und Führungskräfte sind Meister in

Sachen Überzeugungskraft. Ihr wichtigstes Handwerkszeug ist die Fähigkeit der Persuasion. Sie führen, indem sie ihr Gegenüber – Mitarbeiter, Teammitglieder, Vorgesetzte, Partner, Kunden und Meinungsbildner – über ihre Ziele, Ideen und Strategien informieren, indem sie begeistern und motivieren«, schreibt die Autorin Petra Sammer.[23]

Auch wenn sich folgendes Zitat auf Politiker bezieht, so ist es doch in Hinblick auf dieses Buch lesenswert. Schließlich sind Politiker, zumal Spitzenpolitiker, in gewisser Hinsicht ebenfalls CEOs. So schrieb Peter Huth, der frühere Chefredakteur der *Welt am Sonntag*, im Oktober 2020 in der *Welt*: »Eine Rolle einzunehmen ist in der Politik unerlässlich. Die Art und Weise, wie man sich präsentiert, entscheidet darüber, wie man wahrgenommen wird – von den Parteifreunden, vom politischen Gegner und vom Wähler. Diese Rollen sind weniger eine komplette Inszenierung als eher eine Verstärkung von individuellen Charaktereigenschaften, die fokussiert werden, um dem Politiker ein Image zu bilden, ihn einordnen zu können, Verlässlichkeit zu schaffen. Mal mehr, mal weniger bewusst.«[24] In dem Beitrag, in dem es um eine für Huth erstaunliche und überraschend emotionale Kommunikation Angela Merkels bei ihrem »Corona-Appell« Mitte Oktober 2020 ging, beschreibt er sogleich prägende Politiker: »Helmut Schmidt war ein Intellektueller mit der Fähigkeit, harte Entscheidungen zu treffen, sein Kettenrauchen machte den Unnahbaren wieder etwas nahbarer. Laster verbinden. Schröders ›Ich will hier rein‹-Breitbeinigkeit ließ ihm die Herzen zufliegen, sie war die Grundlage seines gesellschaftlichen Aufbruchnarrativs. Der exzessive Narzissmus, der unbedingte Willen eines Donald Trump, Regeln zu brechen oder neu zu definieren, war in ihm immer schon angelegt, natürlich. Aber in der politischen Person Trump hat sie eine bizarre Form gefunden.«[25]

Bezogen auf den CEO und die Rolle, die er dabei einnehmen sollte, ist ein Ziel, ihn als vertrauenswürdige und glaubwürdige Führungspersönlichkeit zu profilieren. Auch das Unternehmen selbst sollte das Profil des CEOs als sympathische und attraktive Persönlichkeit in der Öffentlichkeit schärfen. Die praktischen Erfordernisse, die sich aus der Rolle des CEOs ergeben, sind mannigfaltig und vom Unternehmen und seinem Kontext abhängig. Eine Liste der unterschiedlichen Rollen, die daraus für den CEO resultieren, kann kaum Vollständigkeit beanspruchen. Dabei ist es zielführend, die diversen Funktionen vor dem Hintergrund der tatsächlich artikulierten Erwartungshaltung der einzelnen Stakeholder zu definieren. Aus diesen am häufigsten geäußerten Erwartungen an CEOs beschreibt Jan Hiesserich in seinem Buch »Der CEO-Navigator« acht verschiedene Rollen, denen Unternehmenslenker im Sinne eines erfolgreichen Reputationsmanagements gerecht werden sollten[26]:

- Der CEO als Visionär
- Der CEO als Stratege
- Der CEO als Teamplayer
- Der CEO als Führungspersönlichkeit
- Der CEO als Bewahrer
- Der CEO als Change Agent
- Der CEO als Manager
- Der CEO als Good Corporate Citizen

Der CEO als Visionär

Der amerikanische Wissenschaftler und Ökonom Francis J. Flynn und Barry M. Staw von der University of California haben Anfang der Nullerjahre das Wachstum und den Umsatz von 46 Unternehmen untersucht, die zu den 1000 größten Industrie- und Serviceunternehmen in Nordamerika gehören und deren CEOs als charismatisch und visionär gelten. Ihre Ergebnisse waren eindeutig und betätigten die aufgestellte These: Menschen bevorzugen es, Aktien dieser Unternehmen zu kaufen. Investoren geben sogar bereitwilliger Kapital und sind darüber hinaus bereit, mehr Risiken zu akzeptieren und in Kauf zu nehmen.[27]

Doch was genau bedeutet es, Visionär zu sein? Die *Vision* leitet sich aus dem Lateinischen Wort »sehen« ab und bezeichnet darüber hinaus die *Vorstellungskraft*, eine *Idee* oder gar *Offenbarung*. Die Fähigkeiten eines Visionärs scheinen jedoch mehr zu sein und so charakterisierte Steve Wozniak, der langjährige Geschäftspartner des Apple-Gründers Steve Jobs, seinen Freund mit den Worten: »Er sieht Dinge, die andere nicht sehen.« Wie sich an Jobs Beispiel zeigt, gehören also nicht nur Vorstellungskraft und Weitblick dazu. Erfolgreich an Zuhörer zu appellieren, diese zu motivieren und vor allem zu inspirieren, sind vielmehr besondere Merkmale gelungener Führung. Jobs Leistung ergab sich besonders aus seiner Strategie, einem breiten Publikum zu vermitteln, für welche konkreten Ziele und Visionen Apple steht. Dies tat er nicht nur mit Enthusiasmus und Erfolg, sondern vor allem mithilfe einer leicht verständlichen Sprache.[28]

Bei der richtigen Reaktion auf Trends und Umbrüche unterscheiden sich Voraussicht und kreatives Denken des erfolgreichen Visionärs von bloßer Misserfolgsvermeidungstrategie. Die sogenannten Strategic Inflection Points können über die Zukunft eines Unternehmens und dessen Wachstum entscheiden. Ob Märkte sich verändern, das Unternehmen von disruptiven Trends bedroht ist, die Qualität von Produkten oder Dienstleistungen gelitten hat oder die erfolgreiche Neueinführung von Produkten gescheitert ist – gerade in diesen Fällen beweisen Visionäre geschickt ihr Können und gehen gestärkt aus Krisen hervor. Oder aber sie vermeiden Krisen, indem man die Organisation vollkommen umkrempelt: So hat sich Nokia beginnend mit den 1970er-

Jahren zunehmend vom überragenden Schwerpunkt der Papier- und Reifenherstellung verabschiedet und auf Elektronik gesetzt. Um das Jahr 2000 war Nokia der weltgrößte Hersteller von Mobilfunkgeräten. Umsatz, Gewinn, Aktienkurs, Marktkapitalisierung – alles schoss dank Visionen und Weitsicht in Rekordhöhe. Weniger vorausschauend war der Konzern aber im weiteren Verlauf ab Mitte der Nullerjahre. Er verschlief die Einführung von Smartphones völlig, machte bald Milliardenverluste und verkaufte schließlich die Handy-Sparte – den einstigen Goldesel – an Microsoft. Das Unternehmen brachte damit das Kunststück fertig, sich erst visionär neu zu erfinden und kurze Zeit später wegen fehlender Weitsicht abzustürzen.

Möglicherweise wäre dies Apple auch passiert. Doch es kam anders. Steve Jobs etwa wurde mitten in einer großen Krise zu Apple zurückgeholt und konnte das Unternehmen durch seine visionäre Einstellung auf Erfolgskurs bringen. Gerade in schwerer See kann sich ein visionärer CEO abheben. Er kann Kräfte für die Zukunft bündeln und einen externen und internen Orientierungspunkt bieten. Auch Stefan Wolf von ElringKlinger bestätigt: »Eine Vision zu haben, ist eminent wichtig. Es ist Teil meiner Stellenbeschreibung, dafür zu sorgen, dass es ElringKlinger nicht nur heute gut geht. Als CEO ist es meine Pflicht und Verantwortung, das Unternehmen strategisch zu positionieren.« (Vgl. »Experteninterview«.) Diese treffende Aussage leitet sogleich zur nächsten CEO-Funktion über.

Der CEO als Stratege

Strategischer Weitblick ist ein weiteres Kennzeichen erfolgreicher CEOs – und stark verbunden mit »dem Visionär«, wie es Stefan Wolf sagte. BMW-CEO Norbert Reithofer (2006 bis 2015) und heutiger Aufsichtsratsvorsitzender beispielsweise hatte ein herausragendes Image. In einer Umfrage unter Wirtschaftsjournalisten genoss er höchste Reputation.[29] Ein besonderer Indikator hierfür waren nicht nur seine Persönlichkeit und Offenheit gegenüber Medien, sondern auch seine Strategieführung.

Die Rolle des Strategen ist zentral und scheint eindeutig. Voraussetzung und richtungsweisend für die längerfristige Planung sind hierbei die Ziele und Visionen. Ohne Ziel gibt es keine Richtung, ohne Richtung keine Strategie. Es gilt also, unter verschiedenen Zukunftsszenarien auswählen, um das Unternehmen intern und extern auf die zukünftige – natürlich nur angenommene – Wirklichkeit auszurichten. Auch unser Interviewpartner Stefan Wolf vom Automobilzulieferer Elring-Klinger hat umgesteuert (die Rolle als »Change Agent« werden wir nachfolgend beschreiben). Er hat die Gesellschaftsstruktur konsolidiert und den Börsengang durchgeführt. Wie hat er es geschafft, diesen Wandel herbeizuführen? »Mit Weitsicht. Für mich war klar, dass wir das Unternehmen neu aufstellen und ausrichten müssen, um nachhaltig erfolgreich zu sein«, sagte er im Gespräch mit uns.

Hierbei gibt es – zunächst, bis man es später weiß – genauso wenig richtige wie falsche Wege. Schließlich handelt es sich um die Zukunft, die niemand kennt. Es geht vielmehr darum, die Organisation unter sich stets verändernden Umständen so wahrscheinlich wie möglich an dieses Ziel zu führen. Flexibilität ist hierbei so wichtig wie planvolles Vorgehen. So formuliert Peter Thiel im Hinblick auf die Strategie von Unternehmen überspitzt die These, Planung sei arrogant und unflexibel. Hier wiederum kommt die Fähigkeit des Strategen zum Tragen, zu einem gegebenen Zeitpunkt auch neue Dinge auszutesten. Der CEO kann so Entscheidungen vorwegnehmen, sich auf verschiedene Situationen einstellen und damit Entscheidungsprozesse verkürzen. Er bildet außerdem einen Orientierungspunkt für seine Mitarbeiter. Ermöglicht er es, Klarheit über den Weg des Unternehmens zu schaffen, können Aufgaben an die einzelnen Angestellten transparent vermittelt werden. Dies hat vor allem einen positiven Effekt auf die Kommunikation und Motivation der eigenen Leute.

Der CEO als Teamplayer

»Wir leben in einer extrem arbeitsteiligen Welt. Wer in dieser Welt überdurchschnittliche Ergebnisse erreichen will, braucht dabei die Unterstützung anderer Menschen. Bei einem CEO sind dies Mitarbeiter, Betriebsrat, Presse, Kunden, Lieferanten, Aktionäre, Banken und andere«, so Erfolgs-Verkaufscoach Dirk Kreuter. (Vgl. »Experteninterviews«.) Wichtige persönliche Eigenschaften, um diesen Elementen von Führungsaufgaben gerecht zu werden, sind dabei Flexibilität und Teamfähigkeit – als Teil der so bedeutsamen sozialen Kompetenz. Auch Jim Collins beschreibt in seinem Buch *Der Weg zu den Besten*[30] Teamfähigkeit als besonderes Merkmal von Leadern. Nur ihnen gelingt es, aus einem guten Unternehmen das Beste zu machen. Authentizität, Respekt und Autorität sind wesentlich beim Aufbau einer gemeinsamen Unternehmenskultur. Andere einzubinden und ihre Interessen zu beachten, steht dabei auch immer im Spannungsfeld verschiedener Pole und erfordert daher ein hohes Maß an Feingefühl. Für eine erfolgreiche Zusammenarbeit müssen Empathie und Selbstreflexion vorhanden sein. Auf der anderen Seite muss ein Teamplayer, wenn es darauf ankommt, ebenso konfliktfähig sein.

Der CEO als Führungspersönlichkeit

In der Rolle als Führungspersönlichkeit vereinen sich verschiedene Anforderungen an den Chefstrategen und Visionär. So muss er nicht nur den nötigen Überblick im Sinne seiner Strategieführung haben, sondern sich zusätzlich durch visionären Weitblick auszeichnen. Diese Rolle ist durchaus von Einsamkeit geprägt, indem sie den CEO in die alleinige Verantwortung zieht. Jan Hiesserich schreibt, dass es auch nicht zwei Kapitäne an Bord eines Schiffes gebe.[31] Diese Funktion ist deshalb besonders herausfordernd, da sich interne und externe Erwartungen auf den CEO fokussieren und dieser Punkt einen übergreifenden Charakter hat. Eben wie ein Kapitän. Dabei lassen sich, wie wohl bei keiner zweiten Rolle, Kommunikation und Führung nicht auseinanderdividieren, wie Hiesserich beschreibt: »Moderne Führung besteht in erster Linie aus Kommunikation.«[32] So zeigten Untersuchungen, dass Vorgesetzte 80 bis 95 Prozent ihrer Arbeitszeit mit und in kommunikativen Prozessen verbringen.[33]

Der CEO als Bewahrer

In dieser Rolle verkörpert der CEO Stabilität und Kontinuität. Als Gesicht des Unternehmens steht er für das Markenimage, an dem sich Stakeholder orientieren. Das sogenannte Organisationsvertrauen, also das Vertrauen in das Unternehmen, wird durch das Vertrauen in den Spitzenmanager bedingt. Um die Werte und Ziele des Unternehmens konstant nach außen hin zu repräsentieren, gilt es, diese zu bewahren, um so ein kontinuierliches Bild zu schaffen. In dieser Rolle ist der CEO ein Anker, der jedoch keinesfalls für Stillstand sorgt, sondern die weitere Evolution des Unternehmens ermöglicht. Um im Bild zu bleiben und bereits auf den nächsten Punkt hinzuweisen: Der Anker wird durchaus eingeholt, damit das Schiff zu neuen Ufern aufbrechen kann. Gelingt es dem CEO, sich erfolgreich als Bewahrer und Vertrauensanker zu positionieren, entspricht er besonders dem Bedürfnis nach Sicherheit und erfüllt so das Grundbedürfnis externer sowie interner Stakeholder.

Weiterentwicklung und das Bewahren traditioneller Werte schließen sich nicht aus, ja können sogar die Basis für den Wandel darstellen, bestätigte uns Stefan Wolf von ElringKlinger. Sein Betrieb »sieht sich bestimmten Grundwerten verpflichtet, die auf die Philosophie unseres Firmengründers Paul Lechler zurückgehen. Diese Werte finden sich bis heute in unseren Unternehmensleitlinien wieder. Obwohl ElringKlinger mittlerweile börsennotiert ist und sich den Anforderungen des Kapitalmarkts stellt, sind wir nach wie vor geprägt vom Gedanken eines Familienunternehmens. Aufgrund der Tradition unseres Unternehmens fühlen wir uns dazu verpflichtet, gesellschaftliche Verantwortung zu übernehmen – und unsere Stakeholder stehen voll hinter uns.«

Der CEO als Change Agent

Wirtschaft bedeutet stetigen Wandel. Wer zu lange ankert, rostet ein. Auch wenn es gerade Arbeitnehmervertreter und auch manche Arbeitnehmer oft nicht gerne sehen: Wer sich Umbrüchen stellt, die oft mit Einschnitten oder Fusionen einhergehen, sichert den Erhalt des Unternehmens generell. Neben seiner Fähigkeit, Stabilität und Werte zu bewahren, ist also das Managen von Veränderungen und Fortschritt bedeutsam, vergleichbar auch mit dem Navigieren durch unbekanntes Gewässer. Schließlich ist die Neuausrichtung der Produkte und Dienstleistungen und damit der Prozesse eine feste Größe in jedem Unternehmen. Hierzu gehören auch Änderungen an der Organisationsform: Fusionen, Übernahmen oder Aufspaltungen. Wer sich dem verweigert, nicht auf neue Trends, Konkurrenten, Vertriebskanäle, sich öffnende oder schließende Märkte und veränderte Kundengewohnheiten reagiert, hat früher oder später ein Problem. Viele Pleiten zeugen davon, dass die entsprechenden Firmen Entwicklungen verschlafen haben (vgl. Nokia). Eine starke Persönlichkeit, die also Visionen – deren

Umsetzung immer mit einem Wandel einhergeht – transparent macht, ist hier gefragt.

Die Rolle des Change Agent stellt erhöhte Anforderungen, da sie Feingefühl (vor allem gegenüber Mitarbeitern) und Durchsetzungskraft (unpopuläre Maßnahmen, die aber langfristig für das Überleben der Firma unabdingbar sind) gleichermaßen erfordern. So muss der CEO nötige Veränderungen identifizieren und das Unternehmen bei der Durchführung anführen. Diplomatisches Vorgehen ist deshalb wichtig, da Umbauten stets auf Widerstand stoßen! Schließlich gehen sie fast immer mit personellen Veränderungen oder dem Verlust von Kompetenzen einher. Die Rolle des grundsätzlichen Bewahrers – von Werten, nicht des Status quo – unterstützt die Akzeptanz von Umbauten. Mitarbeiter und externe Stakeholder nehmen den Wandel besser an, wenn sich die Führungskraft an den Werten des Unternehmens orientiert.

Ernst Prost von Liqui Moly hatte die schwierige Aufgabe, kurz vor Weihnachten 2017 nicht nur seinen Mitarbeitern den Verkauf des Unternehmens an die wesentlich größere Würth-Gruppe zu vermitteln, sondern auch seinen Geschäftspartnern und Großhändlern: »Das war ein Tanz auf dem Vulkan – und besonders für viele Kunden war dieser denkwürdige 20. Dezember 2017 ein Schock. Schließlich ist Würth für manche meiner Großhändler ein direkter Konkurrent. Das war tatsächlich nicht einfach, ihnen zu erklären, dass das gut ist. (...) Natürlich gab es Pressemitteilungen, Rundschreiben, alle Auslandskontakte wurden informiert, aber das hat nicht gereicht. Viele hatten nun Angst. Aber die Tat ist die beste Kommunikation. Vom Gedanken, zum Wort, zur Tat – das steigert die Beweiskraft. Niemandem wurde am Ende Geschäft weggenommen. Das war sichtbar für alle und so sind auch alle Geschäftspartner an Bord geblieben.« (Vgl. »Experteninterviews«.)

Eine ganz spezielle Rolle als Change Agents, gepaart mit »Visionär« und »Stratege«, haben jene CEOs inne, deren Firma ein Pionier auf dem Markt ist und diesen – nicht das eigene Unternehmen – umkrempeln möchte. Hierzu zählt Anna Banicevic mit ihrer Bootvermittlungsplattform Zizoo, die wir für dieses Buch interviewt haben. Kernelement ihres Einstiegs in den Wettbewerb war nicht zufällig eine völlig neue Kommunikation: »2014 war die nautische Industrie in vielerlei Hinsicht völlig hinter ihrer Zeit zurückgeblieben, besonders aber in Bezug auf die Digitalisierung. Dies bedeutete, dass die Buchung eines Bootes ein sehr komplizierter und vor allem Offline-Prozess war. Keine Fotos, keine Bewertungen, keine Überprüfung der Verfügbarkeit in Echtzeit, kein zentraler Ort, an dem Kunden Bootsurlaubsprodukte vergleichen und buchen konnten. Bei der Kommunikation konzentrierten sich die meisten Akteure in der Branche auf technische Spezifikationen und allerlei Parameter. Storytelling, überhaupt eine gefällige Präsentation waren absolute Fremdwörter. Was haben wir anders gemacht? Wir haben mehr Ästhetik und Leidenschaft hineingebracht! Wir haben unsere Botschaften auf die Erfahrung und Schönheit von Bootsferien konzentriert. Wir möchten Menschen inspirieren und ihnen das Versprechen eines Urlaubs auf See geben.«

Der CEO als Manager

Jeder CEO ist ein Manager, ja Topmanager ist ein Synonym und Oberbegriff für die Berufsgruppe »CEO«. Anders als in seiner Rolle als Führungspersönlichkeit kommt es in der Rolle als Manager darauf an, die richtige Taktik zur Umsetzung langfristiger, strategischer Ziele anzuwenden – also die operativen Maßnahmen und Entscheidungen einzuleiten und/oder zu delegieren. Ein erfolgreiches Agieren in der klassischen Rolle des Managers erfordert daher Mut, einmal mehr Kommunikationsfähigkeit und Empathie vom Unternehmenslenker. Auch wenn sich das Rollenverständnis – wie in dieser Passage beschrieben – deutlich ausgeweitet hat – so steht das Managen nach wie vor für eine Kernfunktion von CEOs.[34]

Der CEO als Good Corporate Citizen – gesellschaftliche Verantwortung

Im Gegensatz zu seiner Rolle als Manager richtet sich die Aufmerksamkeit des CEOs als Corporate Citizen auf gesellschaftliches Engagement und die »staatsmännische« Repräsentation des Unternehmens. Hier werden Maßnahmen der sogenannten Corporate Social Responsibility (CSR) immer wichtiger. Für Unternehmenslenker gilt es daher, die Dualität von Freiheit und Verantwortung anzuerkennen und den spezifischen Nachhaltigkeitsgedanken – im weitesten Sinne, nicht nur auf »Umwelt« bezogen – ihres Unternehmens sichtbar zu machen. In einem Klima, in dem man von einem Unternehmen mehr erwartet, also korrektes Benehmen gegenüber allen Stakeholdern, kann das Interesse externer Stakeholder allerdings durchaus uferlos werden. Der eigentliche Zweck von Unternehmen – nämlich den Kunden Mehrwert zu schaffen – kann da manchmal in den Hintergrund rücken, genauso wie ökonomische Zwänge oder mathematische Grundrechenarten.

Für Unternehmen, die sich hier über ihren eigentlichen Zweck hinaus engagieren, stellt sich schnell die Frage, in welchen Dimensionen und wo sie sich einbringen wollen – aber durchaus auch, Grenzen gegenüber Anspruchstellern aufzuzeigen. Um all dem einen festen Rahmen zu geben, haben immer mehr Organisationen eigenständige Corporate-Citizenship-Ziele festgelegt, die sich idealerweise aus der Unternehmensstrategie heraus ergeben und in der Regel thematisch und/oder geografisch miteinander verbunden sind. CSR ist im vergangenen Jahrzehnt durchaus eine Modeerscheinung geworden und so ist es inzwischen schwer geworden, sich als Unternehmen kommunikativ damit abzuheben oder gar zu profilieren – was bei aller tief empfundenen Leidenschaft für ein Thema immer noch der Hauptgrund für die Aktivitäten sein sollte, zumindest bei börsennotierten Unternehmen. Die inflationäre Zunahme dieses Engagements hat dazu geführt, dass man sich hier kaum noch wirksam in Szene setzen kann. Andererseits ist mit CSR-Verantwortlichen eine neue Berufsgruppe entstanden; es haben sich sogar neue Sparten innerhalb von PR-Agenturen herausgebildet, wie *Scholz & Friends Reputation*. Dies und die Eigenschaft eines CEOs, eben »nur« angestellt zu sein, sind nur einige Gründe, die dazu führen, dass die dargestellte gesellschaftliche Verantwortung (die über jene als Arbeitgeber hinausgeht) oft vom Publikum nicht geglaubt wird. Dieses Phänomen ist auch mit dem Stichwort Greenwashing bekannt geworden, das in Bezug auf Umweltthemen die entsprechenden Aktivitäten, Geldspenden oder Projektunterstützungen kritisch sieht. Glaubhafter sind da Unternehmer, also Chefs von inhabergeführten Unternehmen. Sie bringen in der Regel eine ganz andere und vor allem persönliche Verzahnung und Verankerung mit dem jeweiligen Thema, oft auch in Form von Stiftungen, von denen unser Gesprächspartner Ernst Prost etwa gleich drei hat.

BEISPIEL: *WALL AG / GMBH*

Für viele, besonders inhabergeführte Unternehmen ist soziale Verantwortung kein PR-Thema, sondern echter Teil ihres Lebens. Im Vorteil sind hier Firmen, die sich schon lange, idealerweise seit Jahrzehnten, auf diesem Gebiet engagieren, und mittelständische Firmen, bei denen der Besitzer immer noch die Geschäfte führt und in denen die Firma gar denselben Namen führt. Ein Paradebeispiel hierfür ist der Berliner Außenwerber Wall GmbH (vormals Wall AG), gegründet von Hans Wall im Jahr 1976. In der Hauptstadt unterstützte Wall, ohne dass es den Begriff CSR gab, von Anfang an konsequent und systematisch Projekte und Themen, mit denen er sich ebenso geschickt, glaubhaft und öffentlichkeitswirksam in Szene setzte: Hierzu gehörte unter anderem das alljährliche Sponsoring von Springbrunnen und vor allem der Weihnachtsbeleuchtung auf dem Kurfürstendamm. Hinzu kam die tausendfache Unterstützung von Organisationen, Kultureinrichtungen und Projekten aller Art mit kostenfreier oder stark reduzierter Plakatwerbung auf seinen stadtweiten Werbeträgern, an Bus- und Straßenbahnhaltestellen, in der U-Bahn oder an den nach ihm benannten öffentlichen Wall-Toiletten. Da, wo es sich anbot, gab es stets einen passenden Fototermin, sodass Wall omnipräsent und förmlich der Prototyp eines Good Corporate Citizen in Berlin war – nicht nur in der Politik, sondern auch bei vielen Berlinern, die sich an der Weihnachtsbeleuchtung und den funktionierenden Brunnen erfreuten, für die die Stadt kein Geld mehr ausgeben mochte.

Dass die langjährige Wall AG ein verhältnismäßig kleines, wenn auch bundesweit und sogar international tätiges Unternehmen war, das sein Geld vorrangig mit Plakatwerbung verdiente, rückte da bei den meisten Bürgern in den Hintergrund.

2007 übernahm Hans Walls Sohn Daniel den Vorstandsposten. Hans Wall wurde Aufsichtsratsvorsitzender, aus dem er 2012 ausschied. 2009 hatte er bereits alle seine restlichen Anteile an den französischen Weltmarktführer JCDecaux verkauft, der schließlich 90 Prozent hielt. Trotz des Ausscheidens aus sämtlichen Positionen, Funktionen und dem Unternehmen selbst und keinerlei öffentlicher Auftritte für das Unternehmen waren Hans Wall und die Wall AG weiterhin Synonyme – der Idealfall eines jeden CSR-Verantwortlichen, der jedoch am grünen Tisch solch ein jahrzehntelanges Engagement nie hätte planen und umsetzen können.

Zum Albtraum, wenn auch nur für einen Tag, wurde diese felsenfeste Verankerung in der Berliner Zivilgesellschaft jedoch durch einen simplen Tweet des Nichtberliners Jürgen Trittin (Bündnis '90/Die Grünen). Am 15. Oktober 2014 postete er ein Foto der öffentlichen Wall-Toilette und vermengte – angestachelt durch einen Bericht des *Manager Magazins* – das Engagement von Hans Wall für die AfD, die Wall AG, ihr Vorzeigeprodukt City Toilette und das dort stattfindende Geschäft in einer empörten Twittermeldung: »Was ist das? Eine Spendensammelbüchse! Wer bei der Wall AG scheißt, finanziert die #AfD«.[35] Sofortige Boykottaufrufe, Kündigungsdrohungen von Werbekunden, vor allem aber, um im Toilettenbild zu bleiben, ein veritabler Shitstorm gegenüber dem Unternehmen waren die Folge. Dass Hans Wall seit Langem keinerlei Funktion im Unternehmen mehr innehatte, ja ihm nicht einmal mehr eine einzige Aktie gehörte, störte Trittin offenbar nicht – er musste allerdings durch die Unternehmenskommunikation der Wall AG daran erinnert werden. Zerknirscht schob er die Schuld auf den »nicht ganz genauen« Magazinartikel, der ihm als Grundlage diente.[36] Nur der raschen und extrem harten Reaktion der Wall AG war es zu verdanken, dass der Sturm der Entrüstung sofort verebbte: »Die Wall AG distanziert sich von dem politischen Engagement des ehemaligen Vorstandsvorsitzenden.«[37]

In der Twitter-Parallelwelt hatte das jahrzehntelange Engagement von Hans Wall keinerlei Spuren hinterlassen. Es dürfte aber eine große Rolle dabei gespielt haben, dass die Berliner Journalisten, die über den Vorfall berichteten oder gerade nicht berichteten, die Angelegenheit tiefer hängten als die aufgeputschte Twitter-Gemeinde. Damit zeigt das Beispiel mehrerlei: Ein tief greifendes, langfristiges Engagement kann CEO-Person und Unternehmen zu einem verschmelzen lassen (sogar über die Zeit der Tätigkeit hinaus) und in Krisenfällen entschärfend wirken. All die erarbeitete Reputation spielt jedoch keinerlei Rolle, wenn durch (oft bösartige) Nachrichten in sozialen Netzwerken und obendrein aufgrund von Falschmeldungen ein Sturm der Entrüstung erzeugt wird.

Als Einzelperson kann der CEO zur zentralen Identifikationsfigur werden, die durch persönliche Stellungnahmen, aber auch Maßnahmen und Verhaltensweisen die Werte des Unternehmens im Bewusstsein der Gesellschaft verankert. Er wirbt so für öffentliches Vertrauen, um ein bestmögliches Ergebnis für Gesellschaft und Unternehmen zu generieren. Im Falle Walls ging es dabei nicht um die eigentlichen Kunden, nämlich die Werbetreibenden. Ihm war das öffentliche Klima in Berlin – und in ähnlicher Weise in anderen Städten – wichtig. Denn dort werden alle paar Jahre die Werberechte auf städtischem Grund oder bei den jeweiligen Verkehrsbetrieben vergeben. In Ausschreibungen muss man sich durchsetzen – und da ist es hilfreich, wenn man sich seit Jahren in der Zivilgesellschaft eingebracht hat.

Auch unser Interviewpartner Jakob Mähren bringt sich in seiner Jakob Mähren Stiftung für soziale Zwecke ein, wie er sagt: »Ich als Initiator und die MÄHREN AG gehen mit den Stiftungsprojekten zwar offen und transparent um, wir nutzen die Aktivitäten aber nicht für PR- oder gar Vertriebszwecke. Es ist nicht das Ziel, das soziale Engagement für unternehmerische Zwecke einzuspannen, sondern schlicht, hilfsbedürftigen Menschen zu helfen.«

Zwischenfazit

Es leuchtet ein, dass all die beschriebenen Rollen Hand in Hand gehen – und gerade große Entscheidungen den Strategen, Visionär, Bewahrer und Erklärer vereinen, eben in der Person des CEOs. So sagte der damalige Siemens-Chef Joe Kaeser im Herbst 2020 zum massiven Umbau seines Konzerns, bei dem kein Stein auf dem anderen blieb: »Es zeigt, dass man unseren Wandel immer wieder erklären muss. Wir stehen vor fundamentalen Transformationen auf allen Gebieten, in denen Siemens tätig ist. In der Gesundheitstechnik etwa gibt es einen Wandel von der erfahrungs- zur wissensbasierten Medizin. Therapie und Bildgebung wachsen zusammen. Das muss man proaktiv voranbringen. In einem Mischkonzern, in dem alle im Durchschnitt gleich viel wert sind, ist das nicht machbar. Hinter der angeblichen Finanzmathematik steckt eine sehr strategische Überlegung. Nicht umsonst heißt unser Strategiekonzept ›Vision 2020+‹.«[38]

CEOs müssen sich systematisch mit ihrer Außenwirkung beschäftigen. Basis dafür sind verschiedene Rollen, in denen sie fungieren (in unserer Darstellung acht, auf der Basis von Jan Hiesserich). Diese korrespondieren mit hohen und vielfältigen Erwartungen an CEOs, die weitestgehend branchenunabhängig sind. Wie so oft, bewährt sich diese Funktion besonders in Krisen- oder unsicheren Zeiten, wie es auch Burkhard Schwenker betonte, ehemaliger Vorstandsvorsitzender der Unternehmensberatung Roland Berger: »Wenn klare Aussagen über die Zukunft schwierig werden, kommt es darauf an, Sicherheit durch Persönlichkeit zu schaffen.«[39] Gerade dann ist der CEO intern wie extern als Identifikationsfigur gefordert. »Sei es der Visionär, der Change Agent oder der Stratege, all dies sind Facetten ein und derselben übergeordneten CEO-Rolle«, fasst Hiesserich zusammen.[40]

Wichtig ist: Es sind dabei nicht etwa Nebenrollen, sondern sie gehören zum Kern seiner Tätigkeit.

Dabei ist auch dies alles kein Selbstzweck. Schließlich geht es darum, die Stakeholder, also Anspruchsgruppen, »stets neu zu überzeugen, auf die persönlichen Ziele und Unternehmensziele einzuzahlen«, wie es Dirk Kreuter betont. Möchte man das Wesen eines CEOs auf den Punkt bringen, so sieht Kreuter den Chef vor allem in einer Rolle: »Er ist erster Verkäufer seines Unternehmens.« Kommunizieren und Verkaufen sind für ihn dabei ein und dasselbe. »Verkaufen ist allerdings zielgerichteter.« Mehr zu diesem Aspekt im seinem »Experteninterview«. Dort sagt er auch, welche CEO-Typen ihm am besten gefallen: »Mir gefallen die, die nicht allen gefallen wollen. Also jene, die eine eigene Meinung und Ecken und Kanten haben. Die beiden Unternehmer Reinhold Würth und Wolfgang Grupp und der frühere Porsche-Chef und heutige Investor Wendelin Wiedeking. Das sind Machertypen. Die stehen für etwas. Die haben was zu sagen und denen höre ich gern zu.«

Stefan Wolf: »Die höchste Form der Kommunikation ist noch immer der Dialog«

Dr. Stefan Wolf ist Vorstandsvorsitzender der ElringKlinger AG; seit Ende 2020 auch Chef der Arbeitgeberorganisation Gesamtmetall.

Seit 2006 ist Dr. Stefan Wolf Vorsitzender des Vorstands des Automobilzulieferers ElringKlinger AG (1,7 Milliarden Euro Umsatz, 2018) und verantwortlich für die Konzerngesellschaften, die Zentralbereiche Recht, Personal, Investor Relations und Unternehmenskommunikation, den Geschäftsbereich Ersatzteile sowie den Vertrieb Erstausrüstung. Er war von 1994 bis 1997 als Rechtsanwalt bei der Kanzlei Thümmel, Schütze & Partner beschäftigt. Im Jahr 1997 trat er als Syndikusanwalt in die ElringKlinger GmbH ein. Von 1998 bis 2000 war er Bereichsleiter Recht und Personal bei der ElringKlinger GmbH. Mit dem Börsengang der nunmehrigen ElringKlinger AG im Jahr 2002 übernahm Dr. Stefan Wolf zusätzlich die Leitung der Abteilung Investor Relations und Kapitalmarktbetreuung.

Herr Dr. Wolf, Sie gelten als Allrounder unter Deutschlands Managern und haben das überragende Wachstum von ElringKlinger maßgeblich gestaltet. Als promovierter Jurist sind Sie dem Unternehmen seit zwei Jahrzehnten treu, haben die Gesellschaftsstruktur konsolidiert und den IPO durchgeführt. Wie haben Sie es erfolgreich geschafft, diesen Wandel herbeizuführen?

Mit Weitsicht. Für mich war klar, dass wir das Unternehmen neu aufstellen und ausrichten müssen, um nachhaltig erfolgreich zu sein. Entsprechend haben wir die Gespräche mit den verantwortlichen Personen geführt und mussten dabei keine größere Überzeugungsarbeit leisten. Ich denke, wir haben damals den richtigen Weg gewählt und profitieren heute davon. ElringKlinger ist gut aufgestellt.

Das Nachhaltigkeitsengagement von ElringKlinger im Hinblick auf Umwelt, Mitarbeiter und Gesellschaft findet auch am Kapitalmarkt immer mehr Anerkennung. Ist unternehmerische Verantwortung ein maßgeblicher Faktor, um das Vertrauen der Stakeholder zu gewinnen?

Absolut. ElringKlinger sieht sich bestimmten Grundwerten verpflichtet, die auf die Philosophie unseres Firmengründers Paul Lechler zurückgehen. Diese Werte finden sich bis heute in unseren Unternehmensleitlinien wieder. Obwohl ElringKlinger mittlerweile börsennotiert ist und sich den Anforderungen des Kapitalmarktes stellt, sind wir nach wie vor geprägt vom Gedanken eines Familienunternehmens. Aufgrund der Tradition unseres Unternehmens fühlen wir uns dazu verpflichtet, gesellschaftliche Verantwortung zu übernehmen – und unsere Stakeholder stehen voll hinter uns.

Wie wichtig ist eine gute Reputation für das Unternehmensergebnis?

Reputation beruht auf Vertrauen und Glaubwürdigkeit. Entsprechend ist unser Ansehen eminent wichtig für unseren geschäftlichen Erfolg. Zu den meisten Kunden pflegen wir eine über Jahrzehnte gewachsene Geschäftsbeziehung, die auf Ehrlichkeit, Vertrauen und Verlässlichkeit basiert.

Die Automobilindustrie ist im Umbruch, so prägen verschiedene Megatrends, wie effiziente Antriebssys-

teme, autonomes Fahren und anspruchsvolle Sicherheitssysteme den Markt. ElringKlinger ist vom Innovationsgedanken geleitet und investiert deshalb in Forschung und Entwicklung. Wie wichtig für den Erfolg ist Ihre Vision als CEO für ElringKlinger?

Wir haben vor über fünfzehn Jahren damit begonnen, unsere eigene Brennstoffzelle zu entwickeln. Zuerst konzentrierten wir uns auf die Produktion einzelner Komponenten, heute können wir komplette Brennstoffzellenstacks fertigen. Seit acht Jahren sind wir im Bereich Batterietechnologie tätig und haben lange Zeit nichts damit verdient. Dies ändert sich nun. Eine Vision zu haben, ist enorm wichtig. Es ist Teil meiner Stellenbeschreibung, dafür zu sorgen, dass es ElringKlinger nicht nur heute gut geht. Als CEO ist es meine Pflicht und Verantwortung, das Unternehmen strategisch zu positionieren. Dies ist uns gelungen.

Seit 2005 sind Sie Vorstandsvorsitzender von ElringKlinger und seit 2012 Vorsitzender des Arbeitgeberverbandes Südwestmetall. Wie unterscheiden sich die kommunikativen Herausforderungen als CEO von anderen Positionen, die Sie innehaben?

Als börsennotierte Aktiengesellschaft müssen wir bei der Kommunikation natürlich gewisse Vorschriften einhalten. Dennoch versuche ich, ElringKlinger wann immer möglich als zuverlässigen Partner der Automobilhersteller sowie attraktiven Arbeitgeber in der Öffentlichkeit zu positionieren. Beides trifft für uns übrigens tatsächlich zu.

Als Südwestmetall-Vorsitzender vertrete ich die Interessen unserer rund 1000 tarifgebundenen Betriebe. Gerade in der Kommunikation ist dies ein schmaler Grat, denn an den von uns vertretenen Unternehmen hängen auch mehr als 500 000 Mitarbeiterinnen und Mitarbeiter, denen unsere Aussagen oftmals überhaupt nicht passen. Hier halte ich es dann mit dem Regisseur August Everding: Die höchste Form der Kommunikation ist noch immer der Dialog.

Inwiefern hat sich die Rolle von Topmanagern in den letzten Jahren verändert? Müssen Sie aktiver in Ihrer Kommunikation agieren als zuvor?

Auf jeden Fall. Nehmen Sie zum Beispiel den aktuell stattfindenden Wandel in der Automobilindustrie. Da gibt es viele Fragen und Unsicherheiten – sei es von Mitarbeiterinnen und Mitarbeitern, Aktionären oder auch dem normalen Autofahrer. Aus meiner Sicht muss Kommunikation proaktiv, offen und in jedem Fall immer ehrlich sein.

Welche Kommunikationskanäle sind für Ihre persönliche Kommunikation am wichtigsten?

Nichts geht über das persönliche Gespräch. Natürlich lässt sich dies zeitlich nicht immer realisieren. Dann greife ich auch gerne zum Hörer oder schreibe Mails. Aber Kommunikation besteht für mich nicht nur aus reiner Sprache, sondern auch aus Mimik und Gestik. Und die Körpersprache nehmen Sie nur in der Königsdisziplin der Kommunikation wahr – dem persönlichen Gespräch.

2 - Handlungsfelder

Visionen schaffen - extern

Eine Vision ist viel mehr als nur ein Slogan. Es ist ein sinnstiftendes Ziel, das Orientierung gibt. Leitmotive sind Erfolgsfaktoren, um Kunden langfristig an das Unternehmen zu binden. Den Schlüssel dafür hält der CEO in der Hand, der direkt mit der Marke identifiziert werden kann und der für das Versprechen des Konzerns steht. Ein Beispiel hierfür ist CEO Mark Zuckerberg. Der Gründer und Vorstandsvorsitzende der Social-Media-Plattform Facebook (mit Anteilen von 28 Prozent) inspiriert und inspirierte viele Facebook-Nutzer und Start-up-Gründer mit seiner Vision, Technologie und Psychologie zu verknüpfen. Dabei faszinierten ihn vor allem die zwischenmenschlichen Interaktionen. Er erfand die Idee für Facebook als Student und brach für deren Realisierung sogar ein Harvard-Studium ab. Mit Facebook setzte er sich das Ziel, Menschen miteinander in Verbindung zu bringen – und zwar mit einem Netzwerk, das im Kern auf Technologie und Algorithmen basierte; etwas, das vorher in dieser Form nicht existierte.

Solche Visionen – die freilich kommuniziert werden müssen – sind vor allem für Kunden wichtig, damit sie in dem Produkt oder der Dienstleistung des Unternehmens einen (höheren) Sinn sehen.

Persönliche Geschichten aus der Zeit der Unternehmensgründung verknüpft mit Visionen haben die Funktion, beim Kunden Vertrauen aufzubauen. Entscheidend ist dies besonders bei völlig neuartigen Produkten und Dienstleistungen, wie bei Facebook zum Zeitpunkt der Entstehung im Jahr 2004. Niemand hatte zuvor eine Ahnung, was man mit solch einer Plattform im Detail machen könnte und wofür man solch ein Netzwerk wohl benötigt. Zwar lag die grundsätzliche Idee von sozialen Medien und nutzergenerierten Inhalten spätestens seit der Dot.com-Phase in der Luft. Erfolgreich umgesetzt, zumal in solch einem universellen Ansatz wie Facebook, hatte es allerdings keiner.

Nicht nur in völlig neuen, auch und vor allem in gesättigten, etablierten Märkten ist es wichtig, sich mit Geschichten und Visionen unverwechselbar zu machen. Fast jede Branche hat eine Vielzahl von Unternehmen, die ähnliche Angebote offerieren. Jedoch müssen all diese ihr Unternehmen auf eine Art hervorheben, die das Interesse der Kunden weckt und so auf die eigenen Produkte lenkt. Visionen sind dabei ein hilfreiches »Instrumentarium«.

Intern Visionen schaffen durch den CEO

Nicht nur die Kunden haben ein Interesse an der individuellen Vision eines Unternehmens, die durch den CEO präsentiert wird. Auch für die Mitarbeiter eines Konzerns sind klare Ziele wegweisend. Sie können die Motivation steigern und zu besseren Arbeitsleistungen führen. Daher ist die interne Kommunikationsvermittlung des Unternehmensziels mindestens von so großer Bedeutung, wie es nach außen zu kommunizieren. Gerade die Angestellten erwarten einen Sinnstifter – zumal sie nicht nur das wichtigste Kapital der Organisation darstellen, sondern auch Botschafter sind.

Visionen nach innen auszustrahlen, ist somit ebenso Aufgabe eines CEOs. Und deren Wirkung kann Jahrzehnte lang andauern, ja sogar weit bis nach dem Tod der jeweiligen Person. So lassen sich heute noch Apple-Mitarbeiter von den Visionen Steve Jobs leiten. Seine Vorstellung von Arbeit und Leistungen bestand immer auch darin, seine Tätigkeit zu lieben und eine Leidenschaft in dem zu finden, das man umsetzt. Diese Vision ist weiterhin an den Apple-Produkten zu sehen, die die Kunden mit Top-Innovationen, ausgezeichneter Qualität und einzigartigem Design beglücken.

Mehr noch: Die persönliche Geschichte Steve Jobs dient CEOs und besonders Start-up-Gründern weltweit als Fixstern. Wie so viele amerikanische Milliardäre begann Steve Jobs seine Arbeit in einer Garage – und in wenigen Jahren entwickelte sich sein Start-up zu einem Unternehmen mit mehreren Tausend Mitarbeitern. Apple schuf eine Produktklasse für sich, die in manchen Branchenzielgruppen wie Werbung, Medien und artverwandten Berufen nahezu einen Marktanteil von 100 Prozent erreicht. Für Millionen von Privatkunden wiederum ist es schlichtweg nicht vorstellbar, dass ihnen etwas anderes als ein Apple ins Haus kommt. Der Idealfall für die Strahlkraft eines Unternehmens.

Erfolgsgeschichten und Visionen der CEOs können Unternehmen und ihre Mitarbeiter prägen. Selbstverständlich gibt es erfolgreiche Unternehmen und Marktführer mit nicht bekannten CEOs – aus den unterschiedlichsten Gründen, wie auch bei den Aldi-Gründern, die keinerlei PR betrieben. Dennoch stellen sie Ausnahmen dar, zumal der Großteil solcher Beispiele von »Nichtkommunikation« seinen Ursprung im vergangenen Jahrhundert hat. Auch sollte man unterscheiden zwischen dem Geschäft, das auf Endkunden abzielt (B2C, Business to Customer), für die eine offensive Kommunikation deutlich stärker infrage kommt, und einer Firma, die nur andere Betriebe bedient (B2B, Business to Business). Hier ist

CEO-Kommunikation nicht ansatzweise so bedeutsam, ja könnte je nach Branche sogar kontraproduktiv sein, da es als nicht angemessen gilt.

Die Wirkung eines CEOs nach innen

Erfolgreiche Unternehmen, deren Produkte weltweit verwendet werden, können durch ihre Umsätze langfristig Marktführer bleiben. Für die langfristige Existenz sind Markenidentität und Visionen essenziell. Diese kommunikativ den Kunden und Mitarbeitern näherzubringen, ist Kernaufgabe des CEOs. Unternehmenserfolg ist dabei eng mit der persönlichen Motivation des Führungspersonals verbunden. Erfolg ist bekanntlich – im Wirtschaftsleben wie anderswo – nicht garantiert, sondern unter anderem das Ergebnis von harter Arbeit und Risiko, ja durchaus auch einer Portion Glück. Geschäftsführer können und müssen daher einen großen Beitrag dazu leisten.

CEOs haben ein besonders großes Verantwortungsspektrum. Sie sind das Aushängeschild für ihr Unternehmen und damit auch in der Position, den Ruf der Organisation zu wahren oder nach Skandalen wiederherzustellen. Meist sind sie in diesem Fall neu an Bord. Die Unternehmensführung des CEOs kann jedoch nur erfolgreich sein, wenn die richtigen Methoden angewandt werden. Dabei gibt es – für das kommunikative Thema dieses Buches wichtig – eine Unterscheidung zwischen Pull- und Push-Management. Pull-Management bezieht sich auf die Managementform, bei der die Führungskraft stark auf die Unterstützung der Angestellten baut. Vereinfacht gesagt, übernimmt der Chef hier die Rolle eines Teamplayers. Eine durchaus auf Bescheidenheit basierende und effektive Führungsmethode. Die Push-Methode entspricht – wie der Name schon verraten dürfte – eher der klassischen Art von Autorität.[41]

Im 21. Jahrhundert erscheint und ist die Pull-Methode angemessener, seine Leute zu »pushen« wirkt gleichsam als Old School. Auch und vor allem wegen der veränderten Ansichten, Werte und Erwartungen heutiger Mitarbeiter, nicht zuletzt von Generation Y und Z. Gerade für die für den Arbeitsmarkt wichtiger werdende Generation Z ist ein Job oft nur noch ein Projekt. Die Attraktivität des Arbeitgebers und des (physischen) Arbeitsplatzes spielt eine wesentlich größere Rolle als in früheren Altersgruppen. Um die Motivation und den Respekt aller, vor allem aber dieser Mitarbeiter zu gewinnen, muss der CEO eine besondere Vorbildfunktion darstellen, sodass die Angestellten ihm – freiwillig – folgen. Idealerweise sind die Interessen von Personal und Führungskräften deckungsgleich. Durch Druck, schlechtes Betriebsklima oder Machtspielchen, ausgehend von der Vorstandsetage, die der Belegschaft permanent zeigen, wer der Boss ist, wird in Zukunft kein Mitarbeiter mehr zu halten oder zu gewinnen sein. Der Unternehmenserfolg stünde damit auf dem Spiel. Vielmehr muss Kommunikation auf gleicher Augenhöhe geschehen – um gute Leistungen abzusichern; denn darum geht es letzten Endes in einer Firma.

WAS IST ERFOLG? DAS BEISPIEL *WEWORK*

Zunächst sollten wir erst einmal Erfolg definieren. Klassischerweise gehören hierzu Umsatzwachstum und Gewinn. Vor allem Gewinn, dies sollte nie vergessen werden, ist unabdingbare Voraussetzung für die Existenz einer Firma. Wer über längere Zeit Verluste einfährt, verschwindet vom Markt. Gewinn und Umsatz sind freilich – vor allem bei Start-up-Gründern – nicht die einzige Messlatte. Ihre Motivation liegt teilweise im – durchaus obsessiven – Verfolgen einer Idee, die oft im Sinne von »Welt verändern«/»Welt verbessern« zu beschreiben ist. Steve Jobs, Elon Musk oder Mark Zuckerberg sind hierfür typische Vertreter.

Keine Frage: Die traditionelle Sicht auf Erfolg misst sich an soliden Finanzen – und ohne sie geht es nicht. Freilich sind aber auch hier die Maßstäbe in den letzten Jahren etwas verrückt. Unternehmen wie Tesla oder WeWork sind aus klassischer Sicht (bisher) Fehlschläge. Tesla hat bis heute Milliardeninvestitionen verschlungen und im Jahr 2020 zum ersten Mal einen Gewinn erzielt – allerdings nicht mit dem Verkauf von Elektroautos, sondern durch lukrativen Emissionshandel (mit der fossilen Konkurrenz).[42] Doch solange genug Geld da ist, neues aufgetrieben und durch verschiedene, auch unorthodoxe Aktionen Kapital hinzugeschossen wird, bleibt die Firma am Leben. Der Coworking-Anbieter WeWork etwa fuhr im Jahr 2019 größere Verluste ein, als er Umsatz erzielte. Doch die Investoren glaubten an die Idee und vor allem deren Zukunftsaussichten. WeWork hat ein völlig neues Arbeitsgefühl etabliert, auch wenn Coworking nicht von der Firma erfunden wurde. Tesla wiederum hat Elektroautos marktreif und sexy gemacht – wobei die Außenwirkung von Tesla wie auch die technische und unternehmerische Realisierung untrennbar mit Elon Musk verbunden ist. Adam Neumann, 2010 bis 2019 CEO von WeWork und einer seiner Gründer, war ein nicht minder begnadeter Kommunikator. Der israelisch-amerikanische Unternehmer fiel – so wie Musk – durch ungewöhnliche Aktionen auf, auch wenn er der breiten Masse nicht so bekannt war/ist. Im Herbst 2019 allerdings zogen die Investoren die Reißleine. Das Missverhältnis von Umsatz und Verlust war viel zu groß geworden. Die japanische Softbank – einer der größten Risikokapitalinvestoren weltweit – hatte bis dahin neun Milliarden Dollar in WeWork gesteckt.

Dabei hat Neumann in Sachen CEO-Kommunikation ein recht eigenwilliges Konzept verfolgt, das sich wahrscheinlich am besten als eine Mischung aus Egotrip und Größenwahn beschreiben lässt. »Der fast zwei Meter große Neumann hat nicht nur körperlich eine beachtliche Statur, er wäre offenbar auch gern sonst in so ziemlich allem der Größte. Zumindest wirken seine Auftritte so«, wusste der *Spiegel* zu berichten.[43] Neumann wollte der erste Billionär der Welt werden, traute sich zu, Israel als Premierminister zu führen und wollte die Welt von Hungersnöten befreien, beruft sich das Nachrichtenmagazin auf das *Wall Street Journal*.[44] Zumindest im letzten Punkt unterschied den einstigen WeWork-CEO nichts von vielen anderen ambitionierten Gründern, die die Welt retten wollen. Möglicherweise aber in seinem missionarischen Eifer. Obwohl die Geschäftszahlen völlig aus dem Ruder liefen – vielleicht aber sogar ein Ergebnis seines Verhaltens –, attestierte ihm ein WeWork-Manager, »dass er abseits seines größenwahnsinnigen Auftretens ein ›charismatischer Kommunikator‹ gewesen sei. Ein Gründer, der es verstanden habe, Geschäftspartner, Mitarbeiter und Kunden für sich einzunehmen.«[45] Bei Softbank-Chef Masayoshi Son und anderen Investoren verfing offenbar diese Strategie. In Spitzenzeiten war das Unternehmen 47 Milliarden Dollar wert. Das Geld floss in Strömen und so konnte sich Neumann im Jahr 2018 davon auch eine Mitarbeiterkommunikation der speziellen Art leisten, wie der anonyme Manager dem *Spiegel* berichtete: »Vergangenes Jahr ließ WeWork geschätzt 7000 Mitarbeiter aus aller Welt zu einem Privatfestival nahe London einfliegen. Indie-Stars wie Lorde traten auf, es gab Fußballturniere und Yoga-Workshops. Tequila sei ›in Strömen‹ geflossen, sagt Meyer, der selbst dabei war. In die Details möchte er nicht gehen. ›Die jüngeren Menschen haben eben getan, was junge Menschen so tun, wenn sie sehr viel getrunken haben‹, sagt er nur.«[46]

Nach all den Kapriolen musste die Softbank Neumann vor die Tür setzen, um das Unternehmen zu retten. Der Großinvestor steigerte seinen Anteil auf rund 80 Prozent. Mitbegründer Neumann allerdings fiel weich: »Von Neumann verabschiedet sich Softbank dem Vernehmen nach mit einem goldenen Handschlag. Nach Angaben der Nachrichtenagentur *Bloomberg* durfte er Anteile im Wert von bis zu einer Milliarde Dollar an Softbank verkaufen; er bekam zudem einen millionenschweren Kredit und Beratergebühren in dreistelliger Millionenhöhe. Insgesamt soll das Abschiedspaket einen Wert von 1,7 Milliarden Dollar haben.«[47] Sein CEO-Auftritt hat sich für ihn offenbar gelohnt, auch wenn er damit kein Vorbild abgibt.

Aus der Geschichte um Neumann kann aber man viele Erkenntnisse gewinnen. Eine ist, dass – egal wie man auftritt und welche Erfolge man damit erzielt –, die Finanzen nicht unter die Räder kommen dürfen. Allererste Grundvoraussetzung ist – trotz vieler anderslautender Paradigmen – immer noch, dass eine Firma zumindest auf mittlere und lange Sicht Gewinn erwirtschaften muss. Bei Start-ups ist diese Grundregel durch Investoren, die sich von Zukunftsaussichten leiten lassen, durchaus außer Kraft gesetzt. Aber auch sie wollen irgendwann ihr Geld zurück. Für alle anderen, also den Großteil der Unternehmen, gilt, dass alle Image-Aktivitäten unterm Strich auf den ökonomischen Unternehmenserfolg einzahlen müssen. Mitarbeiterzufriedenheit, Kundenloyalität oder Sympathie in der Presse sind wichtige, ja entscheidende Faktoren. Am Ende müssen aber auch sie sich rechnen.

Werte vermitteln

Werte zu vermitteln, ist ein wichtiger Faktor. Kunden und Mitarbeiter, die einer Unternehmensmarke über Jahre hinweg treu bleiben, sind meist überzeugt von den Werten, die ein Unternehmen darstellt. Daher sollte sich ein CEO verpflichtet fühlen, die Unternehmenswerte und die Gründe für die Existenz des Unternehmens wiederholt den Kunden und Mitarbeitern auf eine Art vorzustellen, die die Menschheit bewegt und dem Ganzen einen Sinn gibt. Nur dadurch können Unternehmen in Konkurrenz zu anderen Organisationen überleben.

Steve Jobs hat es – neben seinen Produkten und Dienstleistungen – auch mit seinen Reden geschafft, die Kunden zu begeistern. Er stellte seine persönliche Erfolgsgeschichte auf eine Weise dar, die Empathie und Begeisterung hervorrief. Letztendlich sind die Produkte erschaffen worden, um Menschen miteinander zu verbinden. Aus diesem Grund wollte der CEO auch die Menschen durch seine menschlichen Erfahrungen erreichen. Jobs motivierte Menschen dazu, das zu finden, wofür man Leidenschaft und Begeisterung empfindet. Es gibt immer Niederlagen und nicht alles läuft nach Plan, so seine Botschaft, die er auch in berühmten Reden vermittelte. Das Wichtige sei dennoch, das zu tun, wofür es sich zu kämpfen lohnt. Dieses Vermächtnis konnte Steve Jobs mit Apple hinterlassen. Und noch heute, fast zehn Jahre nach seinem

Tod, sind die Menschen und selbst Nicht-Apple-Kunden von ihm persönlich begeistert – was wiederum nach wie vor auf die Marke abstrahlt.

DER KUNDE IM MITTELPUNKT. *AMAZON* UND *APPLE*

Die erfolgreichsten Unternehmen wie Apple, Google und Amazon haben sich extrem auf den Kunden und das »beste Kundenerlebnis« ausgerichtet. Er alleine zählt. Damit haben diese und andere Unternehmen einen Ruf etabliert, der sie auch kritische oder zumindest als kritisch geltende Situationen nicht nur ertragen lässt. Die Vorwürfe, ob berechtigt oder nicht, perlen vollends an ihnen ab. Der Grund: Die Mehrzahl der Kunden ist derartig von dem Konzept überzeugt und zufrieden, dass sie sogar die Firma verteidigen, wenn ihr der Wind ins Gesicht weht. Dann zahlen sich Investitionen in die Kundenzufriedenheit aus – denen freilich immer ein solides Produkt und toller Service zugrunde liegt. Amazon etwa sieht sich regelmäßig Kritik gegenüber, oft auch wegen angeblich schlechter Arbeitsbedingungen. In Deutschland etwa fordert die Gewerkschaft Verdi seit Jahren, man möge nach dem Tarifvertrag für den Einzelhandel vergüten. Amazon tut dies jedoch nicht, sondern orientiert sich am Tarif der Logistikbranche. Die Folge: Die Gewerkschaft hat in den vergangenen Jahren Dutzende Warnstreiks organisiert, die trotz ihrer nicht vorhandenen wirtschaftlichen Folgen stets von der Presse vermeldet werden. Zudem beteiligte sich meist nur eine Handvoll Leute. Die pünktliche Lieferung der Waren war in keinster Weise beeinträchtigt.

Auch die Kunden zeigten sich unberührt von dem Stöckchen, das ihnen die Gewerkschaft hinhielt – und zwar, weil sie rundum zufrieden waren und sind mit dem Service, der Erreichbarkeit der Kundenbetreuung oder der kulanten Rückgabepolitik. In einem früheren Fall hatte ein Investigativ-TV-Report des Hessischen Rundfunks über Arbeitsbedingungen aus dem Winter 2013 für starke Negativschlagzeilen gesorgt. Die Medien schossen sich auf den Arbeitgeber ein. Fast alle Kritikpunkte entzündeten sich an der schlichten Tatsache, dass Amazon für das Weihnachtsgeschäft ungleich mehr Mitarbeiter benötigt als im Jahresverlauf – und dieses saisonal auftauchende Phänomen mit allerlei nur dafür gedachten Mitteln gelöst hat, wie eben befristete Arbeitsverhältnisse, Zeitarbeit und vor allem der Anstellung von Leuten aus ganz Europa, etwa aus Spanien. Das große Geschäft zur Weihnachtszeit bringt es eben mit sich, dass nicht alle Leute nach Weihnachten noch gebraucht werden – eine Tatsache, die jedem außer den Autoren des Beitrags einleuchtete. Der Hessische Rundfunk konnte damit eine 45-minütige Reportage füllen. Vor allem aus der positiven Tatsache, dass Amazon Kost, Logis und Transport der Mitarbeiter organisierte und finanzierte, speisten sich paradoxerweise mehrere Vorwürfe. Doch was geschah nach der medialen Hinrichtung? Die Onlineforen der Zeitungen waren voll von glühenden Amazon-Fans, die das Spiel durchschauten – der Idealfall für das Image eines Unternehmens, nämlich wenn Endkunden aus freien Stücken eine Lanze für ihren Lieferanten brechen. Geebnet wurde dieser Weg allerdings Jahre zuvor, eben durch überdurchschnittlich gute Produkte und Dienstleistungen.

Auch Apple hat diesen Status erreicht, hatte dafür allerdings mehr Zeit. Was unterscheidet einen Apple-Kunden von anderen Kunden? Nicht ohne Grund bleiben Apple-Kunden ihrer Marke treu, weil ihre Gefühle in ihre Produkte investiert sind. Sie lieben das Design und die Qualität ihrer Produkte und nehmen daher auch die höheren Preise in Kauf. Die Vision und die Motivation der Unternehmen sind ansteckend und tragen enorm zur Begeisterung der Kunden bei. Verantwortlich bei Apple sind natürlich knallharte Marketingmechanismen – die jedoch authentisch und glaubhaft vermittelt werden, sodass es eben nicht wie Marketing aussieht. Ein Mechanismus ist, ein Gemeinschaftsgefühl zu erzeugen: Wir Menschen sind soziale Wesen. Wir brauchen Familie, Freunde und Kollegen. Die Ursachen dafür liegen in Urzeiten. Da war eine Gruppenmitgliedschaft die Voraussetzung fürs Überleben. So existenziell geht es heute nicht mehr zu (auch wenn viele ohne ihr iPhone kaum lebensfähig erscheinen). Trotzdem ist es uns wichtig, einer Gruppe anzugehören. Erzeugen Sie also ein Gemeinschaftsgefühl, eine Community, in der sich Ihre Kunden wohlfühlen und in der sie idealerweise Erlebnisse haben. All dies funktioniert on- wie offline – am besten aber im realen Leben. Daher sind greifbare Events – von Tupper-Partys bis zu Apple-Produkteinführungen – besonders erfolgreich. All dies funktioniert besonders gut, wenn Sie bereits einen Kult um Ihre Marke geschaffen haben. Aus diesem Grund kampieren Apple-Jünger nachts vor den iPhone-Geschäften – bei Samsung hat man so etwas noch nicht erlebt.

Anna Banicevic: »Mehr Ästhetik und Leidenschaft«

CEO der Bootsvermittlungsplattform Zizoo

Seit 2014 ist die gebürtige Österreicherin Anna Banicevic CEO des von ihr mitgegründeten Vermittlungsportals Zizoo, das sich auf die Vermittlung von Jachten spezialisiert hat. Wie so viele Startup-Initiatoren wollte sie eine komplette Branche umkrempeln – wozu auch eine völlig andere Kommunikation gehört.

Frau Banicevic, eine zentrale Aussage von Ihnen ist, dass Ihre Branche die Digitalisierung gehörig verschlafen hat. Ein Einfallstor für Sie. Welche Kommunikationsmethoden haben Sie 2014 in der Branche vorgefunden und was haben Sie anders gemacht?

2014 war die nautische Industrie in vielerlei Hinsicht völlig hinter ihrer Zeit zurückgeblieben, besonders in Bezug auf die Digitalisierung. Dies bedeutete, dass die Buchung eines Bootes ein sehr komplizierter und vor allem Offlineprozess war. Keine Fotos, keine Bewertungen, keine Überprüfung der Verfügbarkeit in Echtzeit, kein zentraler Ort, an dem Kunden Bootsurlaubsprodukte vergleichen und buchen konnten. Bei der Kommunikation konzentrierten sich die meisten Akteure in der Branche auf technische Spezifikationen und allerlei Parameter. Storytelling, überhaupt eine gefällige Präsentation waren absolute Fremdwörter. Was haben wir anders gemacht? Wir haben mehr Ästhetik und Leidenschaft hineingebracht! Wir haben unsere Botschaften auf die Erfahrung und Schönheit von Bootsferien konzentriert. Wir möchten Menschen inspirieren und ihnen das Versprechen eines Urlaubs auf See geben: eins mit der Natur werden, Zeit mit ihren Lieben und Freunden verbringen, sich entspannen oder Abenteuer erleben. Wir möchten, dass Millionen von Menschen dies versuchen. Wir digitalisieren diese Branche, um den Massenmarkt anzusprechen und damit mehr Menschen als je zuvor zum ersten Mal einen Bootsurlaub machen.

Welche Kommunikationskanäle sind in Ihrem Unternehmen am wichtigsten?

Kommunikation ist für uns extrem wichtig. Unsere Mission ist es, durch die Digitalisierung der nautischen Industrie Millionen von Menschen Freude am Bootsurlaub zu bereiten und den Massenmarkt zu erreichen. Wir nutzen daher alle Wege und Mittel der Kommunikation über und mit Massenmedien, und zwar über die meisten digitalen und Offlinekanäle. Dazu gehören soziale Medien, Onlinemedien und traditionelle Medien. Die Bandbreite der Medien, die wir ansprechen und mit Inhalten bedienen, ist also riesig.

Und welches sind die zentralen Kommunikationskanäle für Ihre persönliche Kommunikation (in Bezug auf das Unternehmen)?

Wir sind jetzt ein Team von über 90 Mitarbeitern und für mich ist es wichtig, dass alle voll und ganz von unserer Mission und unseren geschäftlichen Prioritäten erfasst und entsprechend motiviert sind. Interne Kommunikation ist bedeutend, und zwar auf allen Ebenen – ob es sich um regelmäßige Treffen, Abteilungspräsentationen, E-Mail-Updates oder häufige Slack-Kommunikation handelt.

Haben Sie seit 2014 kommunikativ bereits umgesteuert und wie haben Sie auf Erfahrungen, neue Entwicklungen, Einflüsse und Ereignisse reagiert?

Bereits 2014 gingen wir davon aus, dass es einfach sein würde, Millionen von Menschen zu erreichen und zum ersten Mal Bootsferien einzuführen. Damals stützte sich unsere allgemeine Marketing- und Kommunikationsstrategie stark auf kostenpflichtige Kanäle wie Google Ads. Um eine gesunde Skalierung fortzusetzen, haben wir aber viele Content-Marketing- und SEO-Aktivitäten eingeführt, um unsere Abhängigkeit vom Performance-Marketing zu verringern und Menschen zu inspirieren. Wir hatten immer zwei Kerngruppen: erfahrene Segler und komplette Neulinge. Diese Zielgruppen müssen naturgemäß sehr unterschiedlich angesprochen werden, was wiederum verschiedene Kommunikationsstile und -plattformen erfordert. Social Media funktioniert zum Beispiel für Neulinge viel besser. Wir haben daraus gelernt, dass wir uns diesen sehr unterschiedlichen Personen nicht mit ein und derselben Botschaft nähern können. Wir müssen sie verstehen und unsere Kommunikation entsprechend anpassen.

Wie hat Corona die Kommunikation mit Ihrer Zielgruppe verändert? Haben Sie Prioritäten und Botschaften umgestellt?

Als Unternehmen der Reiseindustrie waren wir wie die meisten anderen Firmen von der globalen Pandemie stark betroffen. Wir haben dann aber die Karte ausgespielt, die wir über die Jahre schon erkannt hatten und darauf unsere Botschaft abgestellt: Bootsferien sind die perfekte Alternative im Vergleich zu anderen Urlaubsoptionen und sind daher immer beliebter geworden. Denn sie bieten die ideale Gelegenheit, Menschenmassen zu vermeiden und nur mit einer kleinen Gruppe zu reisen. Während Hotels, Kreuzfahrten, Touren und Flugreisen stark betroffen waren, konnten wir gegenüber dem Vorjahr wachsen. Natürlich mussten wir auf die neuen Bedenken unserer Kunden eingehen und haben somit mehr Flexibilität bei Stornierungen und mehr Versicherungsoptionen geboten. Diese Forderungen ermöglichten es uns, noch enger mit unseren Partnern zusammenzuarbeiten und die Branche – die ansonsten traditionell sehr starr ist – von innen heraus zu verändern.

Sie sind eine Frau in einer zutiefst männlichen Branche. Was bedeutet das für die Unternehmenskommunikation, aber auch für die persönliche CEO-Kommunikation?

Grundsätzlich glaube ich nicht, dass CEOs (oder andere Personen) je nach Geschlecht unterschiedlich kommunizieren sollten. Einige Situationen erfordern dies jedoch. Ich habe das Gefühl, dass ich manchmal »härter« arbeiten muss, damit meine Stimme gehört wird – und dies erfordert Energie, Selbstvertrauen und Entschlossenheit. In Bezug auf die Unternehmenskommunikation ist es mitunter sogar hilfreich, als Frau CEO eines erfolgreichen Unternehmens zu sein – es ist leider nach wie vor eine Seltenheit, sodass es in bestimmten Gruppen Aufmerksamkeit erregt. In Bezug auf meine persönliche CEO-Kommunikation übe ich immer radikale Offenheit und kommuniziere direkt und klar.

Eine Frau als CEO – haben Sie eine aus Ihrer Sicht andere Herangehensweise als männliche CEOs oder ord-

net sich alles dem Unternehmensziel und der Kommunikationspolitik unter?

Ich sehe keine großen Unterschiede zwischen männlichen und weiblichen CEOs. Die Rolle eines CEOs erfordert bestimmte Merkmale, die universell sind (für mich sind dies Determinismus, Unternehmertum, Antrieb, Problemlösung und gute Kommunikation). Natürlich ist es bei Veranstaltungen und Konferenzen für CEOs oft fast komisch, wenn man merkt, wie wenige Frauen sich im Raum befinden. Es ist übrigens häufiger der Fall, dass männliche CEOs ihre Kommunikation an mich anpassen und nicht umgekehrt.

Und noch eine dritte Frage zum Geschlecht. Hilft es bei der Arbeit mit der Presse, etwa bei Firmenporträts, dass Sie eine Frau sind?

Absolut! Dass ich eine Frau bin, weckt automatisch das Interesse der Presse und ich wurde von zahlreichen Medien interviewt, die sich genau auf diesen Aspekt konzentrierten. Angesichts der Tatsache, dass Segeln und Boote traditionell eher als »männliche« Hobbys angesehen werden, findet die Presse diesen Kontrast interessant.

Sie haben zwei Vorstandskollegen. Wie haben Sie sich die Kommunikationsaufgaben (intern/extern) aufgeteilt oder ist alles bei Ihnen konzentriert?

Meine zwei Mitbegründer sind beides ausgezeichnete Kommunikatoren. Wir haben unsere Rollen in Bezug auf die Kommunikation in gewisser Weise und inoffiziell getrennt. Aber wir unterstützen uns natürlich gegenseitig und geben uns ständig Feedback. Meine Rolle besteht hauptsächlich in der internen Kommunikation und darin, sicherzustellen, dass das Team voll motiviert ist und die Geschäftsziele versteht, um diese zu erreichen. Der CFO Sinan Masovic ist für Investor Relations verantwortlich. Ivan Miletic ist CTO und hat als solcher bei der Kommunikation rund um Tech und Tech-Innovationsthemen den Hut auf.

Ihr Unternehmen existiert seit 2014. Eine Reputation mussten Sie sich also erst einmal aufbauen. Welchen Stellenwert hat der Ruf Ihres Unternehmens für den Geschäftserfolg und erkennen Sie hier bereits Unterschiede zu den Anfangsjahren, können also bereits von einem positiven Image profitieren?

Reputation ist extrem wichtig. Unsere Produkte variieren stark in Preis und Typ, aber im Durchschnitt liegt unser Einkaufskorb bei rund 4000 Euro. Dies ist alles andere als eine geringe Summe und wir müssen unsere Kunden dazu bringen, uns zu vertrauen. Wir haben jedes Jahr immer mehr wiederkehrende Kunden – einige buchen sogar zweimal jährlich. Für mich zeigt dies, dass wir vertrauenswürdig sind und einen guten Service bieten. Unterm Strich geben wir den Leuten Glück: Unsere Kunden freuen sich auf ihren Urlaub und werden sich für den Rest ihres Lebens an diese Erfahrungen erinnern. Wir sind dafür verantwortlich, dass sie wirklich die Zeit ihres Lebens haben. PR spielt auch hier eine große Rolle – um Vertrauen aufzubauen, den Massenmarkt zu erreichen und jene zu inspirieren, die zum ersten Mal Bootsferien machen. Das Ansehen ist für unsere Partner ebenfalls wichtig – die Eigentümer der Produkte, die wir über unseren Onlinemarktplatz anbieten. Um die besten Angebote und Konditionen für unsere Kunden zu sichern, müssen wir mit unseren Partnern ausgezeichnete Beziehungen pflegen und ein guter Ruf ist der Schlüssel dazu.

3 – Instrumente, Kanäle und Vorgehensweisen

Öffentlichkeitsarbeit

»Kommunikation kann ihre volle Kraft nur entfalten, wenn ihr mediale Bühnen zur Verfügung stehen«, schreibt Jan Hiesserich leicht pathetisch in seinem Buch »Der CEO-Navigator«.[48] Anlässe, Formate und Auftrittsmöglichkeiten, um seine Botschaften unters Volk und an die Zielgruppe zu bringen, gibt es viele – und sie werden immer vielfältiger. Allein die – zumindest noch vor Corona höchst analogen – Veranstaltungsformen sind mannigfaltig, wie das Papier der Universität Hohenheim formuliert: »Messen und Weltpremieren, über politische Veranstaltungen, Pressekonferenzen, branchenspezifische Fachkongresse bis hin zu internen Veranstaltungen wie Aufsichtsratssitzungen, Townhall Meetings oder Jubiläen.«[49] All diese Veranstaltungen und ihre digitalen Pendants gilt es, systematisch und sinnvoll zu nutzen, je nach Anlass und Format die Botschaften sprachlich aufzubereiten – und mehr als früher für die weitere digitale Verbreitung, Zweit- und Mehrfachverwertung der zumindest im Jahr 2020 kaum noch vorhandenen realen Auftritte zu sorgen. Die auf diese Weise entstehende öffentliche Meinung »wird somit zur bedeutendsten ›Urteilsinstanz der

Reputation«, wie Hiesserich den früheren Deutsche Bank-Chef Alfred Herrhausen zitiert.[50] Umgekehrt aber »scheitern nicht wenige an einer mangelnden Kenntnis der Wirkungsweisen und Dynamiken der Kommunikation.«[51]

Im ersten Teil haben wir den »geistigen Überbau« und die Hintergründe zur CEO-Kommunikation beschrieben. In diesem Kapitel nehmen wir uns die Kommunikationsinstrumente, Plattformen, Formate und Mediengattungen vor, die jedem CEO für die Vermittlung seiner Inhalte zur Verfügung stehen. Rufen wir uns nochmal eine Erkenntnis in Erinnerung: Die Kommunikation moderner Unternehmen und ihrer CEOs wird immer komplexer. Ansprüche, Zielgruppen, Inhalte und die Medien und ihre Formate selbst entwickeln sich rasend weiter. Hinzu kommt das sich stets verändernde Umfeld der Unternehmen (besonders dramatisch in den Corona-Jahren 2020 und 2021), das nicht minder hohe Anforderungen stellt – und aus denen sich wiederum Herausforderungen für die Kommunikation ergeben. All dies eröffnet Möglichkeiten, etwa die direkte Vermittlung der Botschaft an die Zielgruppe, und zwar ohne Journalisten als Gatekeeper. Gleichzeitig haben die weltweite Vernetzung, der spezifische Charakter der jeweiligen Social-Media-Anwendungen und die Tatsache, dass jeder sein eigener Twitter-Chefredakteur sein kann, der Alarm schlagen kann, für mehr Dynamik, Aufregung und potenzielles Fehlverhalten gesorgt. Das Risiko von PR-GAUs hat sich damit deutlich erhöht.

Dabei sollten wir uns auch die Kommunikationsmethoden und -kanäle anschauen. Printmedien etwa verlieren ständig an Bedeutung – allerdings nur bezogen auf die Auflage. Ihre gesellschaftliche Relevanz und ihre Rolle innerhalb der Medienszene haben sie stattdessen keineswegs eingebüßt. Beim Gewinnen neuer Endkunden sind allerdings ihre digitalen Kollegen auf der Siegerstraße. Gerade aufgrund ihrer hohen Dynamik werden digitale und Social-Media-Plattformen immer beliebter. Die Form der Präsentationsart eines

CEOs kann dort vielfältig gestaltet werden. Hier jedoch wechseln sich Kundeninteressen, Formate und damit Stil der Ansprache ständig. Zudem sind sie – wie alle Medien – von Zielgruppen und soziodemografischen Faktoren und besonders schnelllebigen Trends/Hypes abhängig, die auch abrupt vorbei sein können. Die Onlinewelt hat eigene Gesetze, auf die wir eingehen werden.

Wie so oft, ist die Auswahl der Plattform von der Zielgruppe und den Botschaften abhängig. Nicht immer wird es dabei aber kleinteilig ausdifferenziert, selbst bei einem Nischenmarkt wie der Bootsvermittlung. Anna Banicevic von Zizoo sagte uns: »Unsere Mission ist es, durch die Digitalisierung der nautischen Industrie Millionen von Menschen Freude am Bootsurlaub zu bereiten und den Massenmarkt zu erreichen. Wir nutzen daher alle Wege und Mittel der Kommunikation über und mit Massenmedien, und zwar über die meisten digitalen und Offlinekanäle. Dazu gehören soziale Medien, Onlinemedien und traditionelle Medien. Die Bandbreite der Medien, die wir ansprechen und mit Inhalten bedienen, ist also riesig.« Dennoch schießt Zizoo nicht mit der Schrotflinte. Die konkrete Kommunikationsarbeit ist sehr zielgerichtet: »Wir hatten immer zwei Kerngruppen: erfahrene Segler und komplette Neulinge. Diese Zielgruppen müssen naturgemäß sehr unterschiedlich angesprochen werden, was wiederum verschiedene Kommunikationsstile und -plattformen erfordert. Social Media funktioniert zum Beispiel für Neulinge viel besser. Wir haben daraus gelernt, dass wir uns diesen sehr unterschiedlichen Personen nicht mit ein und derselben Botschaft nähern können. Wir müssen sie verstehen und unsere Kommunikation entsprechend anpassen.«

Medien als Multiplikatoren

Den mehr oder weniger klassischen Medien mit ihren digitalen Ablegern kommt trotzdem noch eine zentrale Rolle zu. Sie sind ein, indes nicht mehr der alleinige Schlüssel, um mit den wichtigsten Anspruchsgruppen in Kontakt zu treten. Obwohl die Auflagen im deutschsprachigen Raum und anderswo drastisch gesunken sind, es Pleiten und Fusionen gab sowie Redaktionen zusammengelegt wurden, hat sich ihre Bedeutung und ihr Einfluss auf die öffentliche Meinung in keinerlei Hinsicht verringert. Hier eine positive Medienberichterstattung zu generieren, sollte also nach wie vor ein wichtiges Ziel im Kommunikationskonzept von CEOs und Unternehmen sein. Doch welche Instrumente der Medienarbeit sind relevant für den nachhaltigen Erfolg? Dieses Kapitel soll Anhaltspunkte zur gelungenen und ganzheitlichen PR liefern, die nach wie vor die klassischen Medien stark mit einbezieht. Wir geben einen Überblick über die wichtigsten – regionalen und überregionalen – Medienarten.

Medienkommunikation unterscheidet sich darin, ob sie vorrangig auf direktem Wege zum Kunden stattfindet (Corporate Publishing) oder indirekt über die öffentlichen und unabhängigen Medien. Die direkte Spielart ist in den vergangenen Jahrzehnten vor allem durch das Aufkommen des Internets und später von Social Media deutlich umfangreicher geworden. Sie hat unter anderem den großen Vorteil, eben direkt, also ungefiltert, unverändert und ungeschnitten das Publikum anzusprechen. Freilich ist es dazu nötig, dass sich diese Zielgruppe auch dieser Medien bedient und/oder als Follower auf dem entsprechenden Social-Media-Konto vertreten ist. Die Reichweite ist also in starkem Maße auch von Ihren Bemühungen, Ihren Inhalten, ebenso aber auch Ihrer Popularität und schlichtweg der Branche abhängig. Konsumgüterproduzenten beispielsweise erfahren weitaus mehr Zuspruch als Firmen, die nur Industriekunden haben. Donald Trump etwa hatte dieses Prinzip auf die Spitze getrieben: Er wandte sich, bis sein Konto im Januar 2021 gelöscht wurde, direkt via Twitter an seine mehr als 88 Millionen Freunde – und Gegner und Journalisten.

Nicht jedes Unternehmen und auch nicht jeder Politiker verfügt indes über solch eine große Gefolgschaft. Aus diesem Grund führt in der Regel auch kein Weg an klassischer Medienarbeit vorbei; allein schon, weil man mit ihr meist wesentlich mehr Menschen erreicht. Presse, Rundfunk und unabhängige Onlinemedien stellen daher technisch gesehen einen »Umweg« zum Kunden dar – sie verändern in der Regel aber auch die Kernbotschaft. Natürlich nicht in dem Sinne, dass Zitate oder Zahlen verfälscht werden (was trotzdem passieren mag), aber in Umfang und Gewichtung – sofern die Nachricht überhaupt veröffentlicht wird. Daneben kann es sein, dass andere Stimmen oder sogar Kritiker mit in einen etwaigen Beitrag aufgenommen werden. Und hier reden wir nur von Beiträgen, die vom Unternehmen selbst initiiert werden. Trotzdem eröffnen sich durch diese Mechanismen gerade große Chancen – denn die journalistischen Formate sind in der Regel handwerklich so aufbereitet, dass sie attraktiv sind und Mediennutzer ansprechen. Kaum jemand möchte sich einseitige Pressemitteilungen durchlesen, dafür aber eine packende Reportage über ein neues Phänomen am Markt. Durch die Aufbereitung und Recherche im journalistischen Umfeld – so unerfreulich dies für den Einzelnen auch sein kann – werden diese Nachrichten bevorzugt von Rezipienten konsumiert und vor allem als glaubwürdiger eingestuft; bei aller berechtigter Kritik an unserer Presse. Potenzielle Kunden lassen sich auf diese Weise wesentlich besser ansprechen als nur 900 eigene Xing-Kontakte.

Nun wird jedoch genau wegen dieser Breitenwirkung der indirekte Weg recht intensiv genutzt – und führt zum »Information Overload«. Und zwar nicht nur bei Medienkonsumenten, die überfordert sind, äußert selektiv vorgehen oder sich disziplinieren müssen, sondern auch beim Journalisten, der wiederum ebenfalls stark, ja strikt aus dem ihm Angebotenen auswählen muss. Dies ist absolut notwendig, weil Ressourcen und Platz begrenzt sind, führt aber auch zu durchaus einseitiger Auswahl von Themen. So oder so bedeutet die Medienvielfalt und das ausgedehnte Angebot Fluch und Segen für Absender, Empfänger und Journalist als »Medium«. Gerade dies macht jedoch eine geschickte Kommunikationspolitik notwendig – mit spannenden Inhalten, ansprechenden Formaten und gutem Timing.

Printmedien

Printmedien sind nach wie vor Leitmedien, Themensetzer und Sprachrohr – es sei denn, der Auflageneinbruch führt dazu, dass man vom Markt verschwindet (*Financial Times Deutschland*) oder ein Großteil der Arbeit durch eine Zentralredaktion abgedeckt wird (Funke-Gruppe mit Medien wie *Berliner Morgenpost* und *Hamburger Abendblatt*) oder es Redaktionsgemeinschaften gibt, auch wenn man formal nicht zusammengehört. So arbeitet die gebeutelte *Frankfurter Rundschau* immer noch journalistisch mit der DuMont-Gruppe zusammen. Um also Geschichten prominent zu platzieren – und im Gefolge dessen für branchenübliche Vorabmeldungen zu sorgen oder die Journalistenkollegen zu inspirieren –, sind Printmedien trotz ihrer dramatisch gesunkenen Reichweite, Ausdünnung und Zusammenlegung von Redaktionen immer noch die erste Wahl.

Die Presse- oder Medienarbeit umfasst alle Formen der Öffentlichkeitsarbeit (Public Relations), die mit der Ansprache von Journalisten verbunden sind und das Ziel haben, über die Medien an der öffentlichen Diskussion teilzuhaben sowie Konsumenten und andere Zielgruppen wie etwa Politiker anzusprechen. Die Auswahl des richtigen Mediums im Hinblick auf die Zielgruppe ist hierbei von besonderer Bedeutung. Grundsätzlich können drei verschiedene Medienarten unterschieden werden:

- Breiten- und General-Interest-Medien
- Special-Interest-Medien
- Fachmedien

Breiten- und General-Interest-Medien

Breiten- und General-Interest-Medien konzentrieren sich sowohl auf die gesamte Öffentlichkeit als auch auf ausgewählte Teile von ihr. Spektrum, Ausrichtung und Zielgruppen dieser Mediengattung sind sehr vielfältig. Es ist daher für diese Medienart besonders wichtig, die Inhalte in verständlicher Form an den Nutzer zu vermitteln.

Special-Interest-Medien

Die zweite Gruppe der Medienarten stellen die Special-Interest-Medien dar. Im Gegensatz zu den Breiten- und General-Interest-Medien sind diese spezifischer in ihrer Ausrichtung, Konzeption und Sprache, da sie sich an eine eingegrenzte Zielgruppe richten. Sie sollen Laien mit entsprechender Vorbildung und Interesse ansprechen und müssen daher Fachinhalte leicht verständlich vermitteln. Auch ist das Umfeld, in dem sie sich an Kunden wenden, tendenziell eher ein individuelles respektive persönliches, etwa ein Hobby oder ein – meist berufsunabhängiges – Interesse.

Fachmedien

Im Unterschied zu den Special-Interest-Medien sollen die Fachmedien vor allem Menschen in ihrem beruflichen Umfeld ansprechen. Sie beziehen sich damit auf verschiedene Berufsgruppen und eignen sich besonders für den Business-to-Business-Bereich. Viele Verlage haben sich ausschließlich auf Fachmedien einerseits oder Special-Interest- und Breiten- und General-Interest-Medien andererseits spezialisiert.

Zwei Wege an die Öffentlichkeit: regionale und überregionale Medien

Damit Öffentlichkeitsarbeit als wichtiges Kommunikationsinstrument wirksam ist, muss natürlich das geeignete Medium ausgewählt werden – und zwar in puncto Reichweite/Auflage, Zielgruppe, thematische und geografische Ausrichtung, um nur die wichtigsten Kriterien zu nennen. Für ein Unternehmen mit bundesweitem Anspruch (oder gar darüber hinaus) kommen hier nur die auflagenstarken überregionalen und Wirtschaftsmedien in Frage wie *Handelsblatt*, *Süddeutsche Zeitung*, Die *Welt*, *FAZ* und *BILD* (und ihre Sonntagsausgaben) oder zumindest starke regionale Zeitungen, wie beispielsweise *Der Tagesspiegel*, die *Rheinische Post*, die *Stuttgarter Zeitung* oder das *Hamburger Abendblatt*. Letzteres gehört »allerdings« zur Funke-Mediengruppe, die wiederum viele weitere Zeitungen zu ihrem Kreis zählt – und deshalb übergreifende Themen wie Politik und auch Wirtschaft durch eine Zentralredaktion abdeckt. Wenn Sie also etwas von der Redaktion wollen, ist nicht mehr in erster Linie die Zeitung selbst verantwortlich, sondern Sie müssen zur »Zentrale«. Die Vielfalt ist damit eingeschränkt, Sie können dafür aber auch gleich mehrere Zeitungen erreichen, wenn Sie einmal ein Anliegen platziert haben. Von solchen zentralen Redaktionen gibt es mehrere, etwa das Redaktionsnetzwerk Deutschland.

Eine Aufzählung der wichtigsten Medien – inklusive der vielen Online-, Wochen- und Monatstitel – würde den Rahmen sprengen. Doch vergessen Sie bei allem nicht die Nachrichtenagenturen, allen voran die dpa. Was von dort kommt, wird bevorzugt aufgegriffen – und dies durchaus von Hunderten Medien auf einen Schlag. Nachrichtenmagazine und Wochenzeitungen wie *Spiegel*, *Stern*, *Focus* oder *Zeit* sind weniger geeignet für breit gestreute Pressearbeit zu Wirtschaftsaspekten. Diese Medien greifen eher Themen mit gesamtgesellschaftlichem Bezug auf und sind wesentlich aktiver. Hierzu sind sie für – direkt platzierte – Anregungen offen. Doch berichten sie eher über den Kontext gepaart mit Beispielen und benötigen in keinem Fall Ihre an Hunderte Redaktionen verteilte Pressemitteilung.

Die meisten Mittelständler jedoch konzentrieren sich nur auf Fachmedien und erleiden durch die fehlende Bekanntheit ihrer Produkte und Dienstleistungen einen Wettbewerbsnachteil. Indes kann Imagebildung und marketingbegleitende Öffentlichkeitsarbeit nur erfolgreich über überregionale Medien stattfinden – die richtige Ansprache vorausgesetzt. Journalisten sind einerseits genervt von aktiven Öffentlichkeitsarbeitern und Pressesprechern, andererseits sind sie auf sie und ihre Anregungen, Beispiele und zunehmenden Services in Form von fertigen Gastbeiträgen angewiesen. Diese Gratwanderung muss man beherrschen.

Fernsehen

TV-Platzierungen

Im Gegensatz zu klassischer TV-Werbung, die wenig glaubwürdig ist, fördert ein redaktioneller Auftritt in prominenten TV-Sendungen die Markenbildung. Bei der Positionierung sollten Sie sich an Ihren Schwerpunkten orientieren – und wie sie zum Sendeformat passen: von Dokumentationen über Magazine bis hin zu Talkshows. Ein gelungener TV-Auftritt zahlt besonders auf Ihr Reputationskonto ein. In keinem Medium kommen Sie so direkt rüber wie im Fernsehen, sofern Ihre Aussagen nicht durch Anmoderation oder missverständlichen Kontext verfälscht, geschnitten oder sogar falsch zusammengeschnitten werden.

Obwohl das Internet und die neuen Medien einen Siegeszug verzeichnen konnten, hat Fernsehen immer noch einen hohen Stellenwert. Laut einer Untersuchung von Camille Zubayr und Heinz Gerhard über die Fernsehgewohnheiten und Fernsehreichweiten im Jahr 2017 (»Tendenzen im Zuschauerverhalten«) hat jeder Bundesbürger 221 Minuten täglich mit Fernsehen verbracht.[52] Jedoch gibt es gewaltige Unterschiede zwischen den Altersgruppen und eine enorme Zunahme, Streamingdienste zu nutzen. Ein Effekt, der sich seit 2017 deutlich verstärkt haben dürfte, mit Ausnahme der Corona-Jahre 2020 und 2021, in dem auch wieder stärker auf öffentlich-rechtliche Nachrichten gesetzt wurde. So sahen die 14- bis 29-Jährigen im Jahr 2017 nur 94 Minuten täglich fern, während es bei den über 60-Jährigen 248 Minuten waren. Die Sender mit der größten Reichweite waren 2017 das ZDF vor der ARD und RTL. Für die in diesem Buch beschriebenen Zwecke kommen jedoch besonders auch die Nachrichtensender n-tv und WELT infrage, die geeignete Formate für Unternehmensthemen bieten.

Trotz geringerer Nutzung des linearen Fernsehens vor allem bei der jüngeren Zielgruppe ist die Verzahnung zwischen den Mediengattungen gestiegen. Zum einen ist TV nach wie vor bedeutsam und hat eine hohe Strahlwirkung, zum anderen sind Fernsehprogramme eben auch per Streaming (Mediathek) oder schließlich auf YouTube zu sehen, eine Mehrfachverwertung also. Die Überschneidung von Onlineangeboten und TV kann daher sinnvoll genutzt werden, um verschiedene Zielgruppen zu erreichen. Fernsehen gilt also nach wie vor als eines der reichweitenstärksten Medien, mit dem die Bekanntheit von Marken, Unternehmen und Personen signifikant erhöht werden kann.

Der CEO im TV

Allerdings hat die klassische TV-Werbung – mit der Unternehmen Produkt- und Imagewerbung betreiben wollen – spürbar an Überzeugungskraft eingebüßt. Um dieser Entwicklung entgegenzuwirken, werden auch im Marketing Werbespots verstärkt als Geschichten gestaltet, die über mehrere Episoden fortgeführt werden. Hierdurch soll das Interesse der Zielgruppen über Emotionen und persönlichen Zugang gesichert werden.

Dem CEO bieten für die Positionierung im Fernsehen – und damit meinen wir außerhalb von Werbung à la Wolfgang Grupp und Ernst Prost – vor allem Talkshows und redaktionelle Beiträge in Magazin- oder Nachrichtensendungen einen Anknüpfungspunkt. Es liegt in der Natur des Mediums: Fernsehen lebt von Bildern und braucht sie. Zeitungsjournalisten können – rein handwerklich gesehen – einfach schreiben. Fernsehleute brauchen Bilder. Ohne sie reicht es nur für eine Kurzmeldung in der Tagesschau. Und hier kommt der Effekt ins Spiel, den wir oben bereits ansprachen: die Personalisierung. Ist dieser Aspekt in allen Mediengattungen weit vorangeschritten, gilt er im TV erst recht. Hinzu kommt: Viele Meldungen, etwa zu den aktuellen Auswirkungen von neuen Gesetzen – meist eher etwas Abstraktes oder Zukunftsgerichtetes – brauchen ein Beispiel, ein Gesicht. CEOs können all dies bieten und hier Protagonist sein. Die Notwendigkeit, über Bilder für die Medienberichterstattung zu verfügen, und das Phänomen der Personalisierung treffen sich also hier. Damit einher geht der Effekt, Dinge stark zu vereinfachen, also komplexe Vorgänge und Angelegenheiten auf eine Person zu verengen.

Wie so oft birgt dies Chancen und Risiken. Ein Problem kann ungerechtfertigterweise auf eine Person reduziert werden – oder aber ein CEO kann sich mit einem Erfolg in Szene setzen, obwohl er von seinen zahlreichen Mitarbeitern ermöglicht wurde. So oder so: Bilder und Köpfe sind – auch aufgrund der vereinfachten Wahrnehmung durch die Rezipienten – äußerst wirkungsvoll. Ein CEO kann sich dies nutzbar machen und rasch eine hohe Akzeptanz bei den Zuschauern erreichen. Die – noch immer manierliche – Reichweite des TV kann Prominenz erzeugen, die ein CEO für sich als Markenbotschafter nutzen kann. »Jeder Zeitungsartikel und Fernsehauftritt kann für mich kostenlose Werbung sein«, sagte Wolfgang Grupp.

Unproblematisch sind Auftritte von Wirtschaftsbossen im Fernsehen selbstverständlich nicht: Denn Chefs werden oft in Talkshows eingeladen oder landen in TV-Magazinen, weil sie als Buhmann dargestellt werden sollen. Journalisten und Moderatoren bringen ihnen nicht ansatzweise so viel Wohlwollen entgegen wie »Aktivisten« mit weniger oder gar keiner Verantwortung, von anderen Minderheiten gar nicht zu reden.

Auch unser Gesprächspartner Ernst Prost musste das erleben. Er war um das Jahr 2010 herum in Talkshows sehr präsent. Dann plötzlich nicht mehr. Das Magazin *Stern* hatte eine drei Jahre alte Geschichte ausgegraben: Prost hatte eine betrügerische Spitzenführungskraft seines Unternehmens Liqui Moly entlassen müssen und darüber – in seinem direkten, durchaus derben Ton – per E-Mail alle seine Mitarbeiter informiert. »Das ist unser Stil, denn es gab hier massive Verfehlungen mit hohem finanziellem Schaden und enormem Risiko für die gesamte Firma – und dies hatte ich natürlich meinen Mitarbeitern mitgeteilt«, sagte er uns gegenüber. Prost stellte sich damals auch Markus Lanz, der sich gar nicht mehr von dieser E-Mail lösen konnte. Für Prost eine fatale Prioritätensetzung. Lanz und andere haben diesen »klaren Betrugsfall aufgrund meiner Kommunikation dazu in ein schlechtes Licht getaucht und sind darauf herumgeritten. Ich bin mir sicher, dass sie anderswo wiederum so eine Führungskraft als betrügerisch und als Beispiel für aus dem Ruder gelaufenen Kapitalismus gebrandmarkt hätten – aber nun hatten sie mich am Wickel und haben nicht mehr losgelassen. Sie wollten mich fertigmachen, auch mit konstruierten Behauptungen.« Prost konnte aufgrund seiner Erfahrung souverän auf die Inquisition Lanz' und dessen Behauptungen parieren. Doch danach hatte der einst so medial umtriebige Macher keine Lust mehr und fuhr schlagartig seine Medienpräsenz herunter. Seinem Unternehmen hat das nicht geschadet.

Prost wusste, worauf er sich einlässt und konnte die Situation meistern. Doch weil es ein Tanz auf dem Vulkan ist, muss jeder Besuch einer Talkshow und der sonstige Auftritt vor einer TV-Kamera sorgfältig abgewogen werden. Hauptkriterium ist hier das Thema und der Anlass und die entsprechende Sprengkraft, die der Beitrag für Sie entfalten könnte (nicht muss). Wir sprechen hier nicht von vordergründigen Problemen oder gar Skandalen, denen Sie sich stellen müssen, sondern Themen, für die Sie ein Beispiel abgeben können; etwa, weil der Journalist über eine Branche berichtet und nun nach einer beliebigen Beispielfirma Ausschau hält. Sie müssen auch davon ausgehen, dass Journalisten nicht alle Karten auf den Tisch legen, Sie vorgeblich wegen eines harmlosen fachlichen Themas kontaktieren und Sie dann beim Interview mit etwas ganz anderem konfrontieren. Alles statthaft, doch Sie müssen sich nicht darauf einlassen. Oder aber eine Talkshow sucht Kandidaten für eine Diskussion zur Erbschaftssteuer. Sie können mit nahezu hundertprozentiger Sicherheit davon ausgehen, dass Ihnen der Journalist nichts Gutes will und nicht darstellen wird, wie eine niedrigere Steuer den Erhalt des Unternehmens und somit von Arbeitsplätzen sichert. Sie sollten absagen! Das Thema Steuer generell bietet im deutschsprachigen TV kaum Anlass, Punkte zu sammeln. Dafür sorgt allein schon die von der Redaktion festgelegte Rollenverteilung etwa in Talkshows: Sie sind der Buhmann und haben gegen vier Gegner – die anderen Gäste plus Moderator – und das Studiopublikum keine Chance. Daher: Finger weg!

Dennoch gibt es die Möglichkeit, sich zu profilieren. Vor allem bei reinen Fachthemen. Zudem wird dem deutschen Mittelstand – trotz weit verbreiteter Wirtschaftsfeindlichkeit und Unwissen über ökonomische Zusammenhänge – von der Gesellschaft wie Journalisten grundsätzliches Wohlwollen entgegengebracht. Wenn Sie dann noch Botschaften haben, die ankommen und/oder Sie gegen den Strom schwimmen, sind dies gute Voraussetzungen. Wolfgang Grupp hat dies mit »ich produziere nur in Deutschland« erfolgreich geschafft: »Der Erfolg in den Medien hängt davon ab, ob Sie etwas Interessantes sagen und mit Ihrer Meinung hervorstechen oder ob Sie nur das sagen, was alle andere sagen«, berichtete er uns im Interview. Und Grupp steht auch selbstbewusst zu allen Konsequenzen aus Sicht eines Unternehmers – nämlich höheren Kosten in Deutschland als anderswo. Mitten in der Corona-Pandemie sattelte der Textilunternehmer auf die Produktion von (nichtmedizinischen) Masken um. Zu einem Zeitpunkt, als diese in Deutschland knapp waren. Zehn Stück kosteten bei ihm allerdings anfangs 120 Euro, was er ungerührt den Journalisten vorrechnete – und damit gut ankam: »Der Preis ist für mich angemessen, wenn die Löhne und Sonderausgaben gedeckt sind. ... Ich habe gerne geholfen, aber ich kann die Masken nicht verschenken.«[53] *Die Welt* schrieb: »Der Preis müsse entsprechend hoch sein, damit der Familienbetrieb durch die Corona-Krise nicht bankrottgehe. Er könne es nicht verantworten, bei jedem Stück einen Euro zuzulegen. ›Der deutsche Lohn ist gedeckt und ich garantiere die Arbeitsplätze.‹«[54]

Auftritte im Fernsehen sind für Grupp ein gutes Mittel, um »Überzeugungen zu kommunizieren und sie können damit Millionen Zuseher erreichen, was natürlich mehr ist, als mit einer Regionalzeitung, wie der *Stuttgarter Zeitung*. Ich bekomme nach jedem TV-Auftritt Anfragen, die zu 90 Prozent positiv sind. Fernsehauftritte oder Presseartikel sind immer große Chancen für mich.« Einer seiner wichtigsten Tipps: »Grundsätzlich ist es wichtig, Sätze zu sagen, die einfach sind und die jeder verstehen kann.«

Der Präsenz in TV-Sendungen und Talkshows kann dabei zum Selbstläufer werden: Ein (gelungener) Auftritt kann den nächsten nach sich ziehen. »Ich habe mich nie um Interviews gemüht. Wenn ich etwa im Fernsehen Thesen aufgestellt habe, die spektakulär waren, dann bekam ich automatisch weitere Interviewanfragen«, erklärt Grupp. Auch Dirk Roßmann von der gleichnamigen Drogeriekette (nur mit einem Doppel-S geschrieben) hat eine TV-Karriere hingelegt. Diese allerdings war so nicht geplant und fing auch mit wirtschafts- und unternehmensfremden Themen an: Als der damalige Bundespräsident Christian Wulff Anfang 2012 unter Druck stand und schließlich im Februar desselben Jahrs seinen Rücktritt erklärte, war es der Wulff-Freund Dirk Roßmann, der den TV-Zuschauern die Person und den Menschen Christian Wulff nahebrachte. Erst daraus entwickelte sich das Interesse beider Seiten (Roßmann und Medien) zu weiteren Auftritten. Roßmann hatte nie eine solche Präsenz geplant und angestrebt und hat dieser Neuerung in späten Jahren seines Unternehmertums eigens eine größere Passage in seiner Autobiografie »Und da bin ich auf den Baum gestiegen ...« gewidmet. Schließlich trat er auch in anderen Formaten auf, darunter in einer ARD-Reportage über »Deutschlands Reiche«; etwas, was die im Privatleben oft eher bescheidenen Unternehmer selten tun – zumal bei einem solchen Thema: Sie scheuen das Rampenlicht und auch die Assoziierung mit ihrem Reichtum, wobei die Neidgesellschaft in Deutschland wiederum stärker ausgeprägt ist als anderswo.

Je mehr Menschen einen Fernsehauftritt verfolgen, desto größer wird das Potenzial an Kunden; immer vorausgesetzt, es handelt sich um eine gelungene Darbietung. Freilich hängen messbare Umsatzeffekte auch von der Größe, Natur und Ausrichtung des Unternehmens ab: Niemand wird morgen einen Lufthansa-Flug buchen, weil er gerade Firmenchef Carsten Spohr im Fernsehen gesehen hat. Aber bei einem Unternehmen mit 100 Millionen Euro Jahresumsatz und potenziell Tausenden Konkurrenten sind dies realistische Effekte; von vorher eher unbekannten Firmen ganz zu schweigen. »Nachdem ich in einer Talkshow aufgetreten bin, können wir auf unseren Webseiten sofort ein Hochschnellen der Anfragen registrieren. Die Menschen beschäftigen sich dann mit Trigema, was sehr wichtig für unser Produkt ist. Je mehr man über seine Produkte spricht, desto mehr steigt deren Wert«, so Grupp.

Idealerweise ergänzen sich die Bedürfnisse der Unternehmenslenker mit denen der Medien. Aus der Inszenierung der eigenen Persönlichkeit ergeben sich Schlagzeilen, eine interessante Sendung, gute Einschaltquoten und daraufhin neue Beiträge von Journalisten, die erst durch das Schauen der Sendung auf diese Persönlichkeit oder ein bestimmtes Unternehmen aufmerksam geworden sind. So bietet ein CEO mit klarem Profil – »wir produzieren nur in Deutschland« – auch eine Orientierungsfunktion für die Medien. Natürlich reicht dafür ein Auftritt nicht aus. Und das Beispiel Grupps zeigt auch die Verknüpfung mit seiner TV-Werbung direkt vor der Tagesschau. Auch Roßmann hatte durch seine Tausende Rossmann-Filialen ein hohes Ausgangsniveau; zwar anfangs noch keine Prominenz, dafür aber eine hohe Relevanz. Erst durch den

Wiedererkennungswert können überhaupt Effekte entstehen, wobei im Falle Roßmanns die Medienpräsenz eher auf das Unternehmensimage und die Bekanntheit seiner Person abgefärbt haben dürfte als auf konkrete Mehrumsätze in der mit 2196 Filialen und 33 400 Mitarbeitern zweitgrößten deutschen Drogeriekette.

Zweifelsohne ist Roßmann im TV gut angekommen. Welch anderes Image hatte da sein früherer Konkurrent Anton Schlecker? Er wurde förmlich – und dies in puncto Bezahlung zu Unrecht – zur Hassfigur, verursacht vor allem durch Gewerkschafter im Verein mit (schlecht recherchierenden und/oder voreingenommenen) Journalisten. So stellte sich nach der Schlecker-Insolvenz im Jahr 2012 heraus, wie gut Anton Schlecker seine Angestellten im Branchenvergleich bezahlt hatte, obendrein nach Tarif. Die berühmten arbeitslosen »Schlecker-Frauen« gab es paradoxerweise genau deshalb, weil es ihnen anderswo zu unattraktiv erschien, arbeiten zu gehen: »Ein gutes Jahr nach der Schlecker-Pleite hat erst die Hälfte der Verkäuferinnen einen neuen festen Job. Arbeitsmarktforscher führen das auf die relativ hohe Bezahlung bei der Drogeriekette zurück«, schrieb das *Handelsblatt*.[55]

Schlecker kommt daher auch in der Roßmann-Biografie sehr gut weg: Roßmann initiierte eine Hilfsaktion für Russland, das Mitte der 1990er-Jahre in einer tiefen sozialen und wirtschaftlichen Krise steckte. Schlecker half bei der Roßmann-Initiative sofort – anders als andere Wettbewerber. Insofern muss man rückblickend Schlecker auch eine schlechte Kommunikationspolitik attestieren, zumindest zur Bezahlung der Mitarbeiterinnen (denn andere Versäumnisse und Missstände gab es freilich). Gleichzeitig muss man aber auch die Grenzen dessen erkennen, was man in einem Klima von Verleumdung, Falschnachrichten und Gewerkschaftern, die mit gezinkten Karten spielen, ausrichten kann.

Manche Probleme sind freilich hausgemacht. Es war wohl das teuerste Interview der Fernsehgeschichte: Im Jahr 2002 gab der damalige Deutsche Bank-Chef Rolf Breuer standesgemäß im Bloomberg-TV ein Interview zur finanziellen Situation des kriselnden Medienkonzerns Kirch-Gruppe. Das Gespräch wurde einen Tag später in Deutschland ausgestrahlt, in den Nachrichten verbreitet und schließlich ausgeschlachtet. Die Fragen drehten sich um die Kredite, die das Geldhaus an die schlingernde Firma ausgereicht hatte, und deren Absicherung. Für seine Bank sah Breuer daher keine Probleme, das Geld nicht wiederzusehen. Daraufhin wurde er gefragt, ob *man* Kirch helfen werde, weiterzumachen. Nun gab er die verhängnisvolle Aussage: »Das halte ich für relativ fraglich. Was man alles darüber lesen und hören kann, ist ja, dass der Finanzsektor nicht bereit ist, auf unveränderter Basis noch weitere Fremd- oder gar Eigenmittel zur Verfügung zu stellen. Es können also nur Dritte sein, die sich gegebenenfalls für eine, wie Sie gesagt haben, Stützung interessieren.« Kurz darauf, im April 2002, stellte die *KirchMedia GmbH & Co. KGaA* (KirchMedia) Insolvenzantrag. Leo Kirch, Gesellschafter der Unternehmensgruppe, machte Breuers Äußerungen für die Insolvenz verantwortlich. So sagte er: »Erschossen hat mich der Rolf.«[56] Daraufhin verklagte Kirch die Bank und Breuer. Der Rechtsstreit zog sich über Jahre und Instanzen hin, Kirch erlebte das Ende der Auseinandersetzung nicht mehr und verstarb im Jahr 2011. Mit den Kirch-Erben hat sich die Bank schließlich im Jahr 2014 verglichen und 925 Millionen Euro gezahlt.[57]

Interessieren sich TV-Journalisten für rein fachliche oder unproblematische Branchenthemen, spricht nichts gegen einen Gang vor die Kamera. Allerdings sollte man dies vorher herausarbeiten. Doch eine Garantie dafür gibt es nie. Was also sollten ein Kommunikationsberater oder eine Agentur für Sie tun?

Eine Agentur sollte Sie beraten, welche Sendeformate für Sie infrage kommen – und zu welchem Zeitpunkt. Besonders bei zeitkritischen Kampagnen oder der Verknüpfung mit anderen Marketingaktivitäten kommt es auf das richtige Timing an. Eine Agentur sollte Sie außerdem akribisch auf eine Sendung vorbereiten – mit Hintergrundinformationen und den Kernbotschaften, die Sie unbedingt »rüberbringen« sollen.

Egal ob Sie bereits Auftritte hinter sich haben oder eher Neuling sind: Machen Sie ein Kameratraining, in dem vor allem kritische oder hinterhältige Fragen und Ihre Reaktion darauf trainiert werden. Hinterher werten Sie idealerweise Ihren Auftritt aus.

Krisen-PR: Im Ernstfall können Sie es sich nicht aussuchen, ins TV zu gehen oder nicht. Oft müssen Sie. Besonders in solchen Situationen sind klare Sprachregelungen gefragt – die vor allem auch beinhalten, was Sie nicht sagen dürfen oder was Sie auf heikle, unumgängliche Fragen antworten. Eine Agentur erstellt gemeinsam mit Ihnen die Antworten.

Heikel: Auftritte in Talkshows

Ein Auftritt in Talkshows kann die Signifikanz und Bekanntheit von CEOs sichtlich erhöhen – der Schuss kann aber auch nach hinten losgehen, wie bereits einige Seiten zuvor beschrieben. Vor diesem Hintergrund scheint die tatsächliche Positionierung von CEOs hier als ein weniger geeignetes Mittel, um positive öffentliche Aufmerksamkeit für die eigene Marke oder das eigene Anliegen zu schaffen. Denn Unternehmensvertreter, gar Chefs von Konzernen, werden selten von Talkshow-Redaktionen eingeladen, um dort eine geeignete Plattform für ihre Produkte, Dienstleistungen und Fachthemen zu finden. Talkshows drehen sich von ihrer Natur her um Politisches. Oft stehen Unternehmer und CEOs dort daher unter Beschuss und werden in die Ecke gedrängt.

Unter anderem aus diesem Grund gehen Unternehmenslenker höchstselten zu solchen Veranstaltungen. Während Aktivisten aller Art und Vertreter ausgewählter Parteien meist gehätschelt werden und sich unkritisch produzieren dürfen, haben es Bosse in diesem eher wirtschaftsfeindlichen Umfeld schwer. Ausnahmen sind, wie erwähnt, Mittelständler mit ihren Themen, die in Deutschland nach wie vor eine hohe Reputation genießen. Schließlich geht es bei ihnen gerade um den Wirtschafts- und Produktionsstandort Deutschland und heimische Arbeitsplätze, weniger um kritische Themen. Daher kommen in den meisten Branchen fast ausnahmslos Verbandschef in die Studios, weil kein Chef sich mehr grillen lassen möchte. Niemand sollte so naiv sein, sich bei »Anne Will«, »Hart aber fair«, »Maischberger«, »Maybrit Illner« oder »Markus Lanz« den Fragen zu stellen und auf faire Behandlung zu hoffen; etwa, wenn man die Schattenseiten eines Mindestlohns darlegen möchte. Man kann es nicht oft genug betonen: In solchen Sendungen können Sie – geht es um wirtschaftspolitische oder gerade in der Gesellschaft diskutierte Themen – nichts gewinnen. Eine professionelle Beratung sollte daher meist zu dem Ergebnis kommen, dort nicht hinzugehen! Ausnahmen sind, wenn Sie sich bereits oder aktuell mit Ihrem Anliegen positiv in Szene setzen konnten, sodass die zu erwartende Tendenz der Sendung klar erscheint.

Dirk Kreuter: »Kommunizieren und Verkaufen sind ein und dasselbe«

Erfolgsautor und Verkaufscoach Dr. Dirk Kreuter ist einer der einflussreichsten Vordenker zu den Themen Vertrieb, Verkauf und Akquise, online wie offline. Seit 1990 hält er Vorträge, ist Autor von mehr als 50 Büchern und Hörbüchern und ist auf allen namhaften Social-Media-Plattformen präsent.

Herr Kreuter, wie wichtig ist es für den Geschäftserfolg, dass ein CEO neben seiner fachlichen Expertise zum Produkt, Markt, zur Branche und zu Finanzen auch über herausragende Kommunikationsfähigkeiten verfügt, also ein ausgesprochener Kommunikationsprofi ist?

Wir leben in einer extrem arbeitsteiligen Welt. Wer in dieser Welt überdurchschnittliche Ergebnisse erreichen will, braucht dabei die Unterstützung anderer Menschen. Bei einem CEO sind dies Mitarbeiter, Betriebsrat, Presse, Kunden, Lieferanten, Aktionäre, Banken und andere. Denn ein Unternehmen führt man nicht im Alleingang, das schaffe ich nur mit den richtigen Partnern an meiner Seite. Und um diese richtigen Partner zu gewinnen, benötige ich ausgeprägte Kommunikationsfähigkeiten. Schließlich muss ich alle eben Genannten – die sogenannten Stakeholder, also Anspruchsgruppen – stets neu überzeugen, auf die persönlichen Ziele und Unternehmensziele einzuzahlen. Ich muss alle Beteiligten immer wieder motivieren, die Ziele erreichen zu wollen. Überzeugen und Motivieren sind nur andere Begriffe für das Thema Kommunikation. Die Nummer-eins-Fähigkeit einer Topführungskraft ist es, ihre Ziele, Wünsche und Ideen anderen Menschen verkaufen zu können.

Hat sich die Bedeutung dieser Aufgabe in den vergangenen Jahrzehnten verändert?

Ja, das hat sie. Denn wir haben durch das Internet eine viel größere Transparenz bekommen. Jeder kann sich im Internet äußern und auch Informationen sammeln. Jeder kommunikative Fehler rächt sich im Internet sofort und wird niemals vergessen.

Es besteht immer die Gefahr, sich im Kleinklein zu verzetteln. Gerade Kommunikation kann uferlos sein. Um welche »kommunikativen Prioritäten« sollte sich ein CEO persönlich kümmern, welche sollte er delegieren?

Das ist sehr individuell. Allerdings geht es unterm Strich darum, so viel wie möglich zu delegieren und nur in den ganz entscheidenden Momenten selbst das Wort zu ergreifen. Völlig unterschiedlich gehen an diese Aufgabe zwei Topführungskräfte aus der Politik heran: Bundeskanzlerin Angela Merkel hält sich sehr zurück – und ich kenne niemanden, der das nicht bemängelt. Im Umkehrschluss: Donald Trump ist aus meiner Sicht ein hervorragender Kommunikator – auch wenn das in Deutschland durch die Medien sehr verfälscht wird.

Sie sind Verkaufstrainer. Wo liegt der Zusammenhang zwischen der Fähigkeit des Verkaufens (im Allgemeinen, also nicht im engeren Vertriebssinne) und Kommunizieren – gerade aus Sicht eines CEOs?

Kommunizieren und Verkaufen sind ein und dasselbe. Verkaufen ist allerdings zielgerichteter. Ich kann auch ohne ein Ziel mit anderen kommunizieren, etwa beim Smalltalk oder einer Unterhaltung unter Freunden. Doch beim Verkaufen gibt es immer ein Ziel, das erreicht werden soll und kommunikativ begleitet wird. Im Idealfall so, dass der Kunde kauft, sprich: dass der Kunde überzeugt und motiviert wird, eine Kaufentscheidung zu treffen. Beim CEO ist das nichts anderes. Er ist erster Verkäufer seines Unternehmens. Er muss die Quartalszahlen seinen Aktionären, den Banken, der Presse und seinen Mitarbeitern verkaufen. Egal wie diese Zahlen ausgefallen sind. Er muss diese Zahlen in Relation setzen zu dem, was geplant war. Er muss einem Betriebsrat die Unternehmensinteressen verkaufen, er muss im Recruiting den Toptalenten verkaufen, warum diese sich für sein Unternehmen entscheiden sollen. Und vor allem meint »erster Verkäufer«: Er muss auch die Leistung des Unternehmens, also seine Produkte und Dienstleistungen, an seine Kunden verkaufen.

Sie coachen Unternehmen und ihre Chefs auch direkt. Erkennen Sie Unterschiede zwischen angestellten CEOs und Inhaberchefs – und würden Sie als Berater beiden Gruppen eine unterschiedliche Kommunikationspolitik/Herangehensweise empfehlen?

Der Hauptunterschied, den ich in meiner Praxis erlebe, ist, dass ein Inhaberchef langfristiger denkt: Jahre, Jahrzehnte, in Generationen. Ein angestellter Manager denkt in viel kürzeren Zeiträumen: langfristig an seine Vertragslaufzeit, mittelfristig in Jahreszielen und kurzfristig in Quartalszahlen. Was die Kommunikationspolitik angeht, hat ein Inhaberchef von Haus aus einen Vertrauensvorschuss bei den Kunden, Banken, Lieferanten, Aktionären und Mitarbeitern. Oftmals ist er wirtschaftlich auch persönlich betroffen, wenn etwas schiefgeht. Deshalb unterstellen die meisten einem Inhaberchef mehr Engagement und ein größeres Interesse an der langfristigen Ausrichtung des Unternehmens. Einem angestellten Manager wird eher Eigeninteresse unterstellt, was seine Karriereoptionen, seine Vertragsverlängerung und seine Einkommenssituation betrifft. Daher hat er es in der Kommunikation auch deutlich schwerer, auf das Vertrauensniveau zu kommen, als ein Inhaberchef.

Wie sieht Ihr persönlicher – geschäftlicher – Kommunikationsmix aus in Bezug auf die wichtigsten Stakeholder Kunden, Partner und Mitarbeiter und wie hat er sich gegebenenfalls seit Beginn Ihrer Selbstständigkeit/Unternehmensgründung geändert?

In den letzten Jahren hat sich durch Social Media bei mir persönlich sehr viel geändert. Früher waren es klassische Kommunikationskanäle, wie Pressearbeit, das Veröffentlichen von Fachbüchern, Vorträge, Direct Mailing und vielleicht noch eine professionelle Website, um in den Kontakt mit Kunden zu kommen. Heute ist die Schlagzahl viel höher und ich nutze fast ausschließlich digitale Kommunikationskanäle. Mein Schlagwort dabei heißt Omnipräsenz. Ein Mitarbeiterteam befeuert alle meine Kanäle aus vollen Rohren – quantitativ und qualitativ. Bei YouTube etwa gehen jede Woche drei bis sieben Videos online, das Gleiche gilt für den Podcast. Auf den anderen Kanälen gibt es mehrmals täglich Postings und einige Mitarbeiter beschäftigten sich nur mit dem Community-Management. Das Tempo ist höher geworden, aber es ist auch leicht geworden, sichtbar zu werden – sowohl beim Kunden als auch bei potenziellen Mitarbeitern.

Gab es für Sie in den vergangenen Jahren kommunikative Schlüsselsituationen, die Sie positiv wie negativ beeindruckt und aus denen Sie Schlussfolgerungen gezogen haben?

Ich habe gelernt, dass es ein schmaler Grat ist, polarisierend aufzutreten. Das kann sehr positiv ankommen und damit für unglaublich viel Sichtbarkeit sorgen. Oftmals sind es YouTube-Videos, in denen ich nicht nur Fachwissen vermittle, sondern auch meine Meinung zu bestimmten Umständen veröffentliche. Das kann dazu führen, dass viele Hunderttausend Menschen das sehen und dies bewerben. Es hat in den vergangenen Jahren aber auch zweimal einen »Shitstorm« ausgelöst. Mein ganzes Social-Media-Team war dann jeweils eine Woche damit beschäftigt, Hater-Kommentare zu bearbeiten. Meine wichtigste Erkenntnis lautet dabei allerdings: Das Feedback der anderen sagt meistens mehr über die anderen aus als über mich.

Sie leben in Dubai und sind gut mit Leuten aus aller Welt vernetzt. Gibt es so etwas wie eine typisch deutsche/deutschsprachige Kommunikation im Vergleich mit anderen Ländern und würden Sie generell eine eigenständige, spezifische Herangehensweise empfehlen?

Auf jeden Fall! Jede Nation hat ihre eigene Kultur und jede Kultur ihre eigenen Vorlieben und Abneigungen. Die Deutschen kommen schnell zur Sache und sind sehr direkt. Das stößt in anderen Kulturen nicht unbedingt auf Gegenliebe. Trotzdem oder gerade deshalb halte ich eine individuelle Kommunikation für zwingend notwendig, sonst entstehen extrem viele Missverständnisse. Unabhängig davon wird in Deutschland unglaublich viel gejammert und kritisiert. Bei uns ist das Glas viel öfter halb leer. Das ist woanders nicht so. Bei den Themen »positives Denken« und »Optimismus« können wir Deutschen ordentlich nachholen und können von anderen viel lernen.

Jeder CEO hat Vorstandskollegen. Sollten sie sich die Kommunikationsaufgaben aufteilen?

Jeder hat zu Recht sein eigenes Ressort und seine eigenen Aufgaben. Daher soll auch die Kommunikation entsprechend verteilt werden. Viel wichtiger als diese Verteilung ist jedoch die Abstimmung untereinander und besonders eine gemeinsame Sprache. Die Inhalte, aber auch die Art und Weise, wie kommuniziert wird, müssen aus einem Guss sein.

Ein Interview oder ein Porträt in einem Leitmedium ist immer ein Meilenstein. Doch Hand aufs Herz, können Sie da eine konkrete Wirkung nach dem jeweiligen Erscheinen feststellen?

Auf jeden Fall. Doch es hängt immer von der Qualität der Aussagen ab! Wird nur etwas erzählt, um die Zeilen zu füllen, oder gibt es auch ganz konkrete Aussagen – die möglicherweise nicht jedem gefallen? Dann wird es wahrgenommen. Natürlich ist es oftmals eine Ego-Sache, beispielsweise ein Porträt über einen selbst in den Händen zu halten. Doch es ist gleichzeitig auch eine Bestätigung für Mitarbeiter und Kunden, dass sie beim »richtigen Partner« sind. Zudem ist es ein Signal an potenzielle Kunden oder Investoren, diesen Anbieter oder Unternehmen näher zu beobachten. Ich habe schon viele Interviews gegeben und konnte damit immer positive Effekte verbinden.

Welche deutschen CEOs machen aus Ihrer Sicht einen guten Kommunikationsjob – und welche eher nicht?

Mir gefallen die, die nicht allen gefallen wollen. Also jene, die eine eigene Meinung und Ecken und Kanten haben. Die beiden Unternehmer Reinhold Würth und Wolfgang Grupp und der frühere Porsche-Chef und heutige Investor Wendelin Wiedeking. Das sind Machertypen. Die stehen für etwas. Die haben was zu sagen und denen höre ich gern zu.

Soziale Medien

»Unsere Kunden sind digital affin, daher kommunizieren wir mit ihnen in erster Linie über digitale Kanäle. Wie und was man kommuniziert, hängt vom jeweiligen Kanal ab. Während wir auf Twitter eher aktuelle Informationen zu N26 und unseren Produktneuheiten teilen, sprechen wir auf Facebook und Instagram über alltägliche Themen, die unsere Kunden und Community im Zusammenhang mit ihrem finanziellen Leben berühren. Auf LinkedIn stehen Recruiting- und Employer-Branding-Themen im Fokus«, betonte Alexander Weber, Chief Growth Office von N26 im Gespräch mit uns.

Soziale Medien wie Facebook, Twitter, LinkedIn oder Xing sind für Unternehmen und Unternehmer/Manager beliebte und wichtige Kommunikationskanäle. Die beiden Letztgenannten sind vor allem für die Kommunikation in einem professionellen Umfeld gedacht. Einige Branchen haben Social Media bis heute ignoriert – und das durchaus erfolgreich. Sie machen trotzdem gute Geschäfte und sehen keinerlei Anlass, dies zu ändern, beispielsweise das Handwerk. Eins ist allerdings klar: Von heute auf morgen können Sie sich keine Präsenz und Followerschaft aufbauen. Und wenn Sie unter Beschuss stehen, müssen Sie ebenfalls bereit sein zur Reaktion. Auf demselben Kanal. Sich erst dann etwas aufzubauen, ist zum Scheitern verurteilt. Dies hat das vieldiskutierte *Video des YouTubers Rezo »Die Zerstörung der CDU«* im Vorfeld der Europawahl 2019 – so zweifelhaft und hanebüchen die darin vorgetragenen Inhalte auch waren – gezeigt.

Wie stark sich der Schwerpunkt auf Social Media verlagert hat und wie er dies selbst organisiert, das beschreibt Dirk Kreuter: »In den letzten Jahren hat sich durch Social Media bei mir persönlich sehr viel geändert. Früher waren es die klassischen

Kommunikationskanäle wie Pressearbeit, das Veröffentlichen von Fachbüchern, Vorträge, Direct Mailing und vielleicht noch eine professionelle Website, um in den Kontakt mit Kunden zu kommen. Heute ist die Schlagzahl viel höher und ich nutze fast ausschließlich digitale Kommunikationskanäle. Mein Schlagwort dabei heißt Omnipräsenz. Ein Mitarbeiterteam befeuert alle meine Kanäle aus vollen Rohren – quantitativ und qualitativ. Bei YouTube etwa gehen jede Woche drei bis sieben Videos online, das Gleiche gilt für den Podcast. Auf den anderen Kanälen wird mehrmals täglich gepostet und es gibt Mitarbeiter, die sich nur mit dem Community-Management beschäftigen. Das Tempo ist höher geworden, aber es ist auch leicht geworden, sichtbar zu werden – sowohl beim Kunden als auch potenziellen Mitarbeitern.«

Heute also noch die Bedeutung von Social Media herauszustreichen, ist in etwa so, wie zu erklären, wie wichtig Strom oder Internet sind. Gleichzeitig hinkt der Vergleich ein wenig. Denn es gibt auch Kommunikation, auf die man verzichten sollte, weil sie nach hinten losgehen kann. So wie Schweigen manchmal Gold ist. Und dies ist sogleich die erste Regel: Social Media muss zum Business, zum CEO, zum Unternehmen, zur Botschaft und zur Zielgruppe passen. Nur aktionistisch etwas auf die Beine zu stellen, um auch dabei zu sein, funktioniert nicht und würde sich rasch totlaufen, weil die Inhalte fehlen.

Daraus folgt die nächste Erkenntnis: Wenn Sie gestartet sind, müssen Sie regelmäßig posten. Das »Biest« braucht ständig Futter. Anders generieren und halten Sie keine Follower/Freunde. Einmal eingeführt, erwarten diese ständigen Nachschub. Sonst gehen sie wieder von Bord und heuern woanders an. All dies muss man sich vorher, bei der Konzeption und Strategie, gut überlegen. Bei der guten alten Pressemitteilung hat man früher auch die Anlässe und Termine geplant; geschaut, wo Themen auf der Straße liegen – und auch spontan etwas auf die Beine gestellt. Bei Twitter, Facebook und Instagram ist es ebenso. Die Grundregeln der Kommunikation haben sich da keinen Deut geändert. Nur die Kanäle und Aufbereitung der Inhalte.

Womit wir beim nächsten Punkt wären: Welchen Social-Media-Kanal soll ich denn nun nehmen? Hier ist es wichtig zu verstehen, dass alle Plattformen ihre Spezifik haben – die wiederum bedient und beachtet werden muss und sich obendrein ständig ändert, vor allem auch die Verhaltensweisen des Publikums. Facebook zum Beispiel lebt von der Diskussion, der Interaktion (Kern aller Social-Media-Kanäle) und den Aktivitäten der Nutzer. Diese Beiträge muss man aushalten – natürlich moderiert – oder auf den Kanal verzichten. Es gibt daher Branchen und Unternehmen, für die Facebook nicht geeignet ist. Etwa jene, die politisch umstritten sind oder viel Gegenwehr hervorrufen, zumal es viele Trolle, Hater und Miesepeter gibt.

LinkedIn ist mit großem Abstand Favorit bei Deutschlands DAX30-CEOs. Im September 2020 waren dort 15 von 30 Vorstandsvorsitzenden »persönlich« aktiv. So viel wie auf keinem anderen Medium. Spitzenreiter ist hier VW-Chef Herbert Diess mit etwas mehr als 164 000 Followern (Februar 2021), gefolgt von Telekom-Chef Tim Höttges (LinkedIn Top-Voice-Award 2018, 97.000 Follower im Februar 2021) und dem einstigen Siemens-Vorstandsvorsitzenden Joe Kaeser (80.000 Follower, Februar 2021), heute unter anderem Aufsichtsratsvorsitzender bei Siemens Energy und Aufsichtsratsmitglied bei Daimler. Einen aktiven Twitteraccount hatten im September 2021 lediglich vier, mit einer nennenswerten Anzahl von Followern sogar nur Joe Kaeser (36.500) und Christian Klein von SAP (20.200 Follower), während Tesla-Chef Musk 48 Millionen Menschen folgten. Instagram wurde von sechs CEOs bedient, davon Christian Klein an der Spitze mit knapp 7.500 Followern.[58, 59] Bekannt wurde die Sommerkampagne von Volkswagen-Chef Diess, der auf LinkedIn eine Fotoserie mit Erfahrungsbericht aus seinem Urlaub mit Tochter Caro postete – und darin ging es natürlich nicht um seine Rolle als Familienvater, sondern das Elektroauto ID.3, mit dem sie nach Italien fuhren. Übrigens tun Journalisten gut daran, Elon Musk zu folgen, um an Informationen zu gelangen. Wie *Die Welt* berichtet, beantwortet Tesla nämlich grundsätzlich keine Presseanfragen.[60]

Nach knapp 15 Jahren haben nun auch die deutschen CEOs in signifikantem Umfang Social Media entdeckt – und für ihre Zwecke zum Laufen gebracht. Und so urteilte das *Handelsblatt* auch: »Waren bislang die Reden auf der jährlichen Hauptversammlung und hier und da ein TV-Auftritt die größten Gelegenheiten für einen Spitzenmanager, sich als versierten Konzernstrategen zu präsentieren und Unterstützer zu mobilisieren, so bietet sich mit Social Media die Chance, regelmäßig eine große Öffentlichkeit zu erreichen – von Mitarbeitern über Investoren bis hin zu Politikern.«[61] Das Fazit der Wirtschaftszeitung: »Eine ausgefeilte Präsenz wird wichtiger Bestandteil einer zeitgemäßen CEO-Kommunikationsstrategie. Ob LinkedIn, Twitter oder Instagram – ein Topmanager wird auf diesen Onlineplattformen nicht nur als Markenbotschafter, sondern auch als Mensch erlebbar.«[62] Mit dieser Präsenz und dem Wesen aller sozialen Medien, nämlich der Interaktion, entsteht vorher eine nie gekannte Nähe. Jede Person kann zumindest auf diese Weise mit dem Wirtschaftskapitän verbunden sein (sofern er nicht blockiert wird). Interaktivität bedeutet wiederum aber: Kommentare, Antworten, Kritik. Damit muss man umgehen können und sollte den damit verbundenen Zeitaufwand gleich mit einplanen, zumindest bei Themen und Posts, bei denen vorauszusehen ist, dass nicht jeder zustimmt.

Dass die Inszenierung kein Selbstzweck ist, sondern (von bereits erwähnten Ausnahmen abgesehen) dem Unternehmen dient, daran erinnert das *Handelsblatt*: »Ein CEO ist das Sprachrohr seines Unternehmens und repräsentiert dessen Werte. Alles, was er online äußert, muss auf die Unternehmensstrategie einzahlen.«[63] Auch wenn Kommunikation Chefsache ist, wie wir herausgearbeitet haben, so werden auch die Social-Media-Äußerungen von der bekannten Helferschar organisiert oder zumindest mitorganisiert. VW geht mit dieser Selbstverständlichkeit offen um. Dort steuert der ehemalige *BILD*-Reporter Michael Manske für Herbert Diess die Aktivitäten. »Auf Relevanz, klare Worte und das richtige Timing kommt es an«, sagte er dem *Handelsblatt*. Hierzu stimmt er die Veröffentlichungen zeitlich aufeinander ab und erzeugt möglichst viele Verknüpfungen zwischen den verschiedenen Plattformen, auf denen ein und dasselbe Thema verschieden oder unterschiedlich lang ausgespielt wird. »Täglich steht Herbert Diess mit Manske im Austausch, einmal die Woche gibt es eine Redaktionsrunde für rund 90 Minuten, an der auch für relevante Themen zuständige Führungskräfte aus dem Konzern teilnehmen. Immer dabei: Kommunikationschef Peik von Bestenbostel«, wusste das *Handelsblatt* zu berichten.[64] Kernbotschaft des Social-Media-Ghostwriters Manske: »Ein CEO-Account sollte nie nur von Mitarbeitern betreut werden, der Chef selbst muss seinen Account mit Leben füllen.«[65] Aus diesem Grund gebe der VW-Chef auch persönlich jeden Post frei.

Inhalte und Plattformen müssen zur Persönlichkeit und zum Stil des CEOs passen. Die Universität Hohenheim schreibt: »CEOs sollten in Social Media nahbar wirken – dies kann sowohl durch persönliche als auch durch berufsbezogene Inhalte vermittelt werden.«[66] Ein Erfolgsfaktor bei Social-Media-Kommunikation ist dabei das »Menschelnde«. Dies ist das Wesen eines persönlichen Profils und so sollte bei möglichst jedem Thema, Anlass, Post und Tweet auch eine persönliche Note mit hineingebracht werden. Nachweislich sind dies die erfolgreichsten Inhalte, denn sie führen zu besonders viel Interaktion und Vertrauen. Wichtig ist jedoch, die Grenze zum Privaten nicht zu überschreiten.[67]

Authentisch zu bleiben, dieser Tipp darf daher in keinem Kommunikationsratgeber fehlen. Trotzdem ist er wichtig. Persönlich darf sich ein CEO bei der Kommunikation nicht verbiegen. Er und sie müssen sie selbst sein. Jeder Follower/Zuschauer erkennt sofort, wenn »es nicht passt«. Lieber dreimal überlegen oder es auch verwerfen, wie es die CDU mit ihrem bereits produzierten Antwort-Video auf Rezo getan hat. Diese Facette war das einzig Professionelle bei der CDU-Nichtreaktion im Frühjahr 2019.

Keiner der Social-Media-Kanäle stellt die Wunderwaffe dar. Genauso wenig muss jedes Unternehmen jede Sparte bedienen. Aber mindestens eine der – inzwischen auch fast *klassisch* zu nennenden – Medien passt meist zu einer Firma, ihren Botschaften und Inhalten. Wichtig ist nur, dass es mit der Kommunikationsstrategie und den Zielen übereinstimmt – und der CEO all dies auch verkörpert.

Soziale Medien leisten einen wesentlichen Beitrag, um eine Marke zu entwickeln und Besucher auf Ihre Internetseiten zu lotsen. Sie generieren Traffic, sind allerdings kein Rankingfaktor bei der Suchmaschinenoptimierung.[68] Dabei sind Social-Media-Bemühungen – wie alle Aktivitäten, die wir in diesem Buch beleuchten – fest mit allen anderen Kommunikationsmaßnahmen verbunden. Sie wirken ganzheitlich und sollten einem Masterplan folgen (der immer angepasst wird). Die Social-Media-Kanäle funktionieren vor allem im Mix, da sie unterschiedliche Zielgruppen mit verschiedenen Inhalten, Formaten und Funktionsmechanismen ansprechen, selbstverständlich mit großen Überschneidungen. Neben der aktiven Verbreitung interessanter Inhalte ist es eine zentrale Aufgabe, sich auf jeder Plattform einen großen Kreis von Freunden, Abonnenten, Fans, Kontakten oder Followern aufzubauen, um die Reichweite

Ihrer Postings zu erhöhen. Die Dienste Twitter, Instagram und Facebook sind – von Werbung abgesehen – kostenlos, während bei Xing und LinkedIn nur die Basisversion gratis ist und weitergehende Funktionen kostenpflichtig sind.

Nachfolgend geben wir einen kurzen Überblick über die für die CEO- und Business-Kommunikation wichtigsten Services Twitter, Xing und LinkedIn. Auf eher universelle Dienste wie das allseits bekannte Facebook verzichten wir, gehen aber kurz auf Instagram ein.

Xing und LinkedIn

Beide Plattformen Xing und LinkedIn haben einen ausdrücklichen geschäftlichen/beruflichen Schwerpunkt, und zwar zur Kommunikation und Vernetzung mit Marktteilnehmern, Geschäftspartnern, Businesskunden, Lieferanten, Mitarbeitern oder Arbeitgebern – ehemaligen, aktuellen wie auch potenziellen. Beide Netzwerke sind nicht für das Teilen von Informationen aus dem Privatleben gedacht. Xing (rund 18,5 Millionen Nutzer in der DACH-Region) ist ein seltenes Beispiel für ein erfolgreiches Social-Media-Format aus Deutschland und hat seine Hochburg und Bedeutung in der DACH-Region. In den vergangenen Jahren musste es sich jedoch auch auf seinem Heimatmarkt vom internationalen Platzhirschen überholen lassen. LinkedIn ist mit riesigem Abstand Marktführer (mehr als 660 Millionen Mitglieder) und vernetzt Menschen weltweit, rund 15 Millionen davon im DACH-Raum. Beide Wettbewerber funktionieren im Grundsatz ähnlich. Im Vergleich der (sonst stark auf eine Funktion fokussierten) Social-Media-Kanäle dürften sie zusammen mit Facebook das vielfältigste Medium darstellen: von kurzen Posts, Fotos/Videos bis hin zu ausführlichen Texten kann hier alles mit aller Welt geteilt werden. So umfasst das Angebot auch Zehntausende Diskussionsforen, die entweder öffentlich oder nur für einen bestimmten Kreis von Benutzern zugänglich sind. Hinzu kommen spezielle Funktionen für Organisationen und Unternehmen. Aus Sicht einer Firma erfüllen beide Plattformen vor allem zwei Funktionen: sich gegenüber der Öffentlichkeit und dem Markt darzustellen – und als Arbeitgeber zu präsentieren (Employer Branding).

Die folgenden Hinweise gelten so oder so ähnlich auch für andere Netzwerke: Wichtig – wie bei allen sozialen Medien – ist es, bei Xing/LinkedIn das eigene und aussagekräftige Profil aktiv zu pflegen und regelmäßig Neuigkeiten zu verbreiten. Dabei sollten die beiden Portale nicht nur oder nicht zu sehr für offenkundige Werbezwecke missbraucht werden: Vielmehr geben Ihnen die beiden Netzwerke die Chance, redaktionell tätig zu werden: mit Postings, Meinungsäußerungen, Kommentaren, Fragen und Links zu Ihren Internetseiten, einem Gastbeitrag, den Sie heute im *Handelsblatt* geschrieben haben, Ihren Blog oder Veranstaltungsankündigungen. Entscheidend ist immer, den Charakter dieser Medien zu erfassen und zu nutzen, nämlich die Vernetzung. Fangen Sie also rechtzeitig an, sich eine Gemeinschaft von Freunden, Followern oder Kontakten aufzubauen. Beteiligen Sie sich an Diskussionen und Diskussionsforen, kommentieren Sie bei anderen und bringen Sie interessante und lesenswerte Informationen ins Spiel. Nur wenn Sie früh anfangen und sich permanent einbringen, Sie also relevant, bekannt und mit vielen und den richtigen Leuten vernetzt sind, erzielen Sie Wirkung. Sich erst ein Konto anzulegen, es aus dem Dornröschenschlaf zu erwecken oder Gruppen beizutreten, wenn Sie diese dringend brauchen, ist die falsche Strategie. Jede – sinnvolle und relevante – öffentliche Positionierung ist für die externe Kommunikation wichtig. Zudem erhalten Sie Inspiration, können Dinge teilen oder für eigene Zwecke nutzen. Probieren Sie auch viel aus – Sie sehen schließlich sofort, welche Formate und Themen bei Ihrer Zielgruppe ankommen und welche Interaktionen (Teilen, Kommentieren, Liken) hervorgerufen werden.

Twitter

Twitter ist ein Microblogging-Dienst, mit dem sich Kurznachrichten von 280 Zeichen (früher begrenzt auf 140 Zeichen) an seine Abonnenten verschicken lassen. Er wird überwiegend zu knappen, zugespitzten Meinungsäußerungen, meist zu aktuellen Ereignissen, genutzt; vor allem aber auch, um auf Inhalte auf anderen Medien oder Konten aufmerksam zu machen. 330 Millionen monatliche Nutzer zählt Twitter weltweit. Zahlen zu den deutschen/deutschsprachigen Nutzern sind stark veraltet, dürften aber bei rund zwei Millionen liegen. Dabei ist Twitter überwiegend ein Konsummedium, das heißt, die meisten Nutzer lesen nur, ohne zu interagieren. Twitter als aktives Sprachrohr ist besonders bei Politikern, Journalisten, Prominenten und Multiplikatoren beliebt und dient als schnelle und vor allem direkte Informationsquelle. Von Sportlern, Künstlern, Influencern und Top-Konten wie jenem des früheren US-Präsidenten Trump einmal abgesehen, folgen jedoch selten die »Endkunden«, sondern meist nur Vertreter der »Twitterelite«. Diskussionen dort finden daher oft in einer eigenen Welt, einer Twitterblase statt – mit Begriffen und Debatten, die außerhalb dieser Gemeinschaft oft niemand mitbekommt. Dennoch fungiert Twitter als effizienter Kanal, zumal Sie dort Medien, Multiplikatoren und Interessierte gleichermaßen erreichen – wenn auch sehr selten den Endverbraucher.

Der Dienst eignet sich hervorragend für rasche, spontane Aussagen – gleichzeitig wohl die größte Ursache für Pannen – und zum crossmedialen Verbreiten von Inhalten, wobei die Textnachrichten standardmäßig öffentlich sind, also vor allem auch von Nicht-Followern gelesen werden können. Tweets werden den Followern angezeigt. Vor allem über die stilbildenden Hashtags oder Verlinkungen/Retweets kann aber auch ein breiteres Publikum erreicht werden. Die Beiträge anderer Nutzer können favorisiert (geliked), retweetet (geteilt) oder mit einem eigenen Tweet kommentiert werden.

Bei Twitter hat man den Daumen auf dem eigenen Kanal, man kann beliebig und – zunächst – ungestört Botschaften in die Welt schicken. Donald Trump machte es, rein handwerklich gesehen, erfolgreich vor. Danach allerdings schlagen auch hier die twitterspezifischen Funktionen und generellen Kommunikationsmechanismen zu: Eine Diskussion wird ausgelöst, maßgeblich unter Zuhilfenahme des vorher genutzten #hashtags. Und all dies kann eine unkontrollierbare Eigendynamik entfalten. Grundsätzlich möchte man mit seiner Kommunikation etwas auslösen. Doch ab dem Zeitpunkt, wo eine Nachricht draußen ist, hat man die Kontrolle über den weiteren Verlauf verloren; besonders bei allzu spontanen Äußerungen. Auch Grünen-Chef Robert Habeck musste dies schmerzlich lernen, als er mit einem verunglückten Tweet den Eindruck erweckte, in Thüringen gebe es keine Demokratie (obwohl seine Partei dort in der Regierung war und ist). Nach dem verdienten Entrüstungssturm löschte er sein Konto – und Facebook gleich mit.[69] Wahrscheinlich ist kein Medium bei Patzern und Fehltritten so gnadenlos wie Twitter. Gleichzeitig repräsentiert Twitter am besten den Vorteil aller Social-Media-Apps, nämlich klassische Medien vollständig auszuschalten.

Wie bei allen Formaten ist es auch hier wichtig, abwechslungsreiche Dinge in unterschiedlicher Art zu veröffentlichen, also nicht nur Standards, Erwartbares und Wiederkehrendes. Bei Twitter würde dies also bedeuten, persönliche Aussagen zu posten, auf Blogbeiträge und Links zu verweisen, zu retweeten oder zu antworten. Sofern Sie nicht Journalist oder Politiker sind, sollten Sie nicht mehr als zwei Tweets am Tag veröffentlichen. Ihre Kommunikationsabteilung/Pressestelle kann – bei vorhandenem Nachrichtenstoff – einen anderen Takt anschlagen; selbstverständlich über ein extra Unternehmenskonto, um die Botschaften voneinander zu trennen.

Klare Signale dahin gehend, wer zur Zielgruppe gehört – und wer möglicherweise nicht –, sendet man auch durch die Wahl der Sprache. Kein einfaches Unterfangen in unserer globalisierten, vernetzten Welt; vor allem für Unternehmen und Prominente, die international ausstrahlen: Joe Kaeser (36.300 Follower, Februar 2021) twitterte als Siemens-Chef überwiegend auf Englisch. Deutsch nutzte er wesentlich seltener und dann fast ausschließlich zu innenpolitischen Themen, womit er einen Sonderstatus unter deutschen DAX-Vorständen inne hatte.[70] Auch nach seinem Abgang bei Siemens fiel er mit mitunter grenzwertigen Meldungen auf, bei denen er mit großväterlichem Verständnis Ausfälle seiner Fridays-for-Future-Stakeholder verharmloste.

Das »Siemens Press Office« (mit 36.000 etwas mehr Follower als zu Kaesers CEO-Zeiten, heute 38.500) handhabt es ähnlich, wobei es schließlich für die deutsche Öffentlichkeit »Siemens Deutschland« gibt mit mageren 5.360 Followern. Auch der Protagonist des größten deutschen Twitteraccounts twittert nur in Ausnahmefällen auf Deutsch, inzwischen gar nicht mehr: Der frühere Arsenal-Fußballer Mesut Özil bediente seine knapp 26 Millionen Follower lange ebenfalls nahezu ausschließlich auf Englisch, so wie er auch seinen Abschiedsbrief von der deutschen Nationalmannschaft nicht in der Landessprache verfasst hat. Als er jedoch im Januar 2021 bei seinem aktuellen Club Fenerbahce Istanbul anheuerte, änderte er seine bevorzugte Sprache auf Türkisch.

Übrigens: Geht es nach Ernst Prost, sollten sich Manager und Unternehmer unbedingt politisch positionieren: »Ich bin gegen die Ansicht, dass Wirtschaft etwas Eigenes, etwas von der Gesellschaft Abgetrenntes ist. Wirtschaft, das sind wir alle (...) was auch heißt, dass wir Unternehmer und Wirtschaftsführer uns politisch mit unserer Meinung einbringen – schließlich geht es da um die Rahmenbedingungen für die Wirtschaft und unser Wohl. Auch darin soll sich die Verantwortung für unsere Gesellschaft und unser Land zeigen. Wir sind da eine Schicksalsgemeinschaft.«

Instagram

Instagram lebt von Fotos, Videos und immer mehr Newsfeeds. Lifestyle und schicke Motive sind bei der Facebook-Tochter angesagt. Vorrangiges Ziel bei kommerzieller Nutzung: Brand Building – nicht zuletzt auch für die eigene Person, also den CEO. Wer dies produzieren und liefern kann, der ist hier goldrichtig. Jakob Mähren ist sogar gleich zweimal auf Instagram, als Person und mit dem Unternehmen. Er sagt hierzu: »Über meine privaten Social Media-Aktivitäten kann sich jeder von mir ein Bild machen und für sich entscheiden, ob er oder sie in Kontakt mit mir treten möchte. Man muss natürlich daran auch Spaß haben und solch ein öffentliches Leben mögen, sonst wirkt es nicht echt.«

Instagram, das sich mit Facebook verknüpfen lässt, ist wie Twitter ein bewusst simpel aufgebauter Microblogging-Dienst. Die Bilder und Videos sind in der Regel ästhetisch hochwertig und werden besonders dazu genutzt, Motive aus den Bereichen Lifestyle, Mode, Unterwegs sein, Urlaub/Reisen oder Porträts/Selfies aus dem Alltag zu posten. Vorrangig Privatleute, aber auch viele Blogger, Influencer und Firmen nutzen dieses Medium. In Deutschland hat Instagram 17 Millionen monatliche Nutzer, weltweit sind es eine Milliarde Personen, 500 Millionen davon täglich. Es ist damit nach Facebook das zweitgrößte soziale Netzwerk. Trotzdem müssen Sie, wie bei allem, einschätzen, ob Ihre Zielgruppe dort vertreten ist. So ist bei den 14- bis 29-Jährigen Instagram das nach WhatsApp zweitwichtigste soziale Medium: 53 Prozent nutzen es täglich, 65 Prozent wöchentlich – doppelt soviel wie Facebook. Storys ansehen, den Newsfeed durchscrollen (immer mehr auch von den öffentlich-rechtlichen Sendern bedient) und Videos anschauen sind hierbei die am meisten genutzten Funktionen.[71]

Ein Erfolgsgeheimnis von Instagram ist die einfache und überschaubare Funktionsweise: Fotos, meist aufgenommen mit dem Smartphone, sind mit wenigen Schritten veröffentlicht. Kurze Beschreibungen der Umstände und/oder des Ortes sind möglich und zu empfehlen, der Kern ist aber das Bild oder das Video. Da in der Regel das Bild spricht, spielen hier Sprachbarrieren wie bei Facebook und besonders bei Twitter kaum eine Rolle, weswegen sich auch leicht außerhalb des Sprachraums aktive Abonnenten finden lassen oder man beispielsweise auf Deutsch und Englisch gleichzeitig postet, andere wiederum vollständig auf Englisch, so wie bei Twitter bereits beschrieben. Möchte man Emotionen wecken und Atmosphäre schaffen, ist die Plattform daher ideal. Zudem kann das Instagram-Profil mit dem Facebook-Profil verbunden werden, sodass geteilte Fotos dort automatisch erscheinen. Im Profil können und sollten Sie die URL Ihrer Internetseite angeben – die einzige Möglichkeit, dorthin zu gelangen, da Links in Postings oder Kommentaren nicht möglich sind.

Blogs

Während man sich auf allen Social-Media-Plattformen an die dortigen Gepflogenheiten, Funktionen und auch Beschränkungen etwa in puncto Textlänge halten muss, kann man seiner Kreativität und seinem Sendungsbewusstsein auf eigenen Blogs freien Lauf lassen. Diese bieten so die Möglichkeit für ausführlichere und fundiertere Darstellungen von Meinungen, Erlebnissen und Erkenntnissen. In der Regel orientieren sich Blogbeiträge an verwandten Textformen wie Aufsätzen, Essays oder klassischen Zeitungsartikeln. Als Kriterium sollte einzig und allein das dienen, was interessant für die Zielgruppe ist. Sie sollten daher die üblichen Regeln guter Texte einhalten: nicht zu lang, anschauliche, gefällige Sprache, Zwischenüberschriften und Einsatz von Bildern, um nur einige Aspekte zu nennen. Vor allem aber sollten Sie regelmäßig schreiben und in jedem Fall neue Beiträge auf Ihren Social-Media-Kanälen vermarkten, damit Ihre Freunde mitbekommen, dass Sie einen neuen Beitrag veröffentlicht haben. Das Cross-Marketing und die Verschränkung Ihrer Aktivitäten sollten Sie unbedingt beachten; denken Sie auch daran, Kernbotschaften zusammenzufassen und so »teilbar« zu machen.

Die persönliche Sichtweise und das Gefühl, hier direkt dem Chef zuzuhören, kommt vor allem dadurch zum Tragen, dass die Texte in der ersten Person geschrieben sind und es sich oft um persönliche Erlebnisse und Befindlichkeiten dreht. Mit viel Geschick, Originalität und einem regelmäßigen Takt an Veröffentlichungen (mindestens einmal pro Woche) können Sie sich auch auf diesem Gebiet eine Prominenz erarbeiten – vorausgesetzt, Sie schreiben interessant und finden eine Nische, die noch keiner besetzt. Auch Blogs haben den Vorteil, dass Sie durch einschlägige Analysewerkzeuge wie Google Analytics rasch sehen, wie die Nutzer sich verhalten, wie viele Leute Sie überhaupt angesprochen haben, wie lange diese verweilen und welche Beiträge ihre Favoriten sind. Daraus können Sie wichtige Erkenntnisse für die nächsten Veröffentlichungen gewinnen.

Der Blog des Vorstandsvorsitzenden der US-Hotelkette Marriott International, Bill Marriot, heißt »Marriott on the Move« und beinhaltet inspirierende Geschichten von Angestellten, darunter auch ein anrührender Beitrag im Oktober 2020 darüber, wie schwer es im Corona-Jahr angesichts geschlossener Hotels und abgesagter Veranstaltungen war, sich von langjährigen Mitarbeitern zu trennen. Einzelne Geschichten rund um das Hotel und dessen Werte werden in kleinen Geschichten mitgeteilt.[72] Diese Botschaften haben einen großen Einfluss auf das Hotelimage und das Bild des Vorstandsvorsitzenden. Ein weiterer CEO mit aktiven Blogposts ist der britische Unternehmer Richard Branson. Als Gründer des Mischkonzerns Virgin Group ist er einer der bekanntesten und schillerndsten Unternehmer weltweit. In seinem Blog teilt er persönliche Lebenserfahrungen und Inspirationen, die den Leser ansprechen und das Interesse wecken, unternehmerisch zu denken und innovative Ideen umzusetzen.[73]

Blogs sollten ansprechend gestaltet werden, die Person hinter der Unternehmensmarke vorstellen und sich stilistisch und inhaltlich von der offiziellen Unternehmens-Website abheben. Dabei sollten sie aber – um klarzumachen, wo der Blog hingehört und auch aus Gründen der Suchmaschinenoptimierung – unbedingt auf der Unternehmensdomain verankert werden; wenn auch optisch abgegrenzt. Achten Sie, wie bei allen Kommunikationsformaten, auch auf die Überkreuzvermarktung.

PR-Agentur – und wie man die richtige findet

Hunderte PR-Agenturen ringen um die Aufmerksamkeit potenzieller Kunden. Wie in jeder Branche gibt es gewaltige Unterschiede in der Ausrichtung, Schwerpunktsetzung, aber auch dem handwerklichen Können, der Kreativität und den Kontakten zu den richtigen Leuten. Kleinstagenturen haben in der Regel zwei bis fünf Mitarbeiter, von ihnen gibt es schätzungsweise 800 bis 1200 in Deutschland. Von Großagenturen wird in Deutschland ab einer Mitarbeiterzahl von 100 Vollzeitbeschäftigten gesprochen. Gute PR-Agenturen sind daran zu erkennen, dass sie stets im Interesse ihres Auftraggebers handeln und dessen Interessen wahren. Das hört sich erst einmal nach einer Binsenweisheit an, ist es aber nicht. Denn was Sie als Auftraggeber benötigen, sind Ergebnisse und Wirkung. Eine Agentur kann Ihnen jedoch (nicht unbedingt mit böser Absicht) Dinge verkaufen, die Ihnen am Ende nichts einbringen. Aus diesem Grund sollten Sie sich von der Agentur erklären lassen, welche Maßnahmen sie anstrebt, um Ihr Anliegen zu bedienen. Hierbei geht es – wie bei jedweder Kommunikation – um die vier Kernfaktoren:

- Inhalte/Botschaften
- Kanäle/Medien
- Zielgruppe
- Timing

Diese miteinander verbundenen Punkte haben Sie entweder bereits im Blick und/oder Sie lassen sie sich durch die Agentur erstellen oder feinjustieren. In der Regel sollte dies gemeinsam erfolgen. Sie kennen Ihr Umfeld am besten und jedes Konzept ist natürlich von Ihren Wünschen abhängig; die Agentur wiederum ist Profi im Aufstellen eines Plans, kennt die Kommunikationsbranche und kann auch einschätzen, was realistisch ist. Der letzte Punkt ist besonders wichtig: Zum einen haben manche Kunden unrealistische Vorstellungen über zu erreichende Ziele, vor allem in Hinblick auf den Zeitfaktor und den Umgang mit der Presse; zum anderen gibt es mitunter Agenturen, die Ihnen das Blaue vom Himmel versprechen. Beides muss in Balance gebracht werden.

Auch ein häufiges Muster: Die Agentur erstellt einen bombigen PR-Plan, hat viele tolle Ideen und der Chef ist ein herausragender Präsentator. Doch nach erfolgter Beauftragung sehen Sie den Agenturboss nie wieder, haben es nur noch mit den Mitarbeitern zu tun und nach einem hoffnungsvollen Start lässt die Dynamik deutlich nach. All diese Punkte lassen sich nie ganz ausschließen. Und es darf auch nicht vergessen werden, dass Kommunikation mit vielen Unbekannten arbeitet und nicht das unten rauskommt, was man oben reinsteckt. Sonst könnte es schließlich eine Maschine machen. Dennoch bietet es sich auch hier an, stark auf die Empfehlung von Geschäftspartnern und Businessfreunden zu setzen. Sind Sie zufrieden mit einer Agentur – den Ergebnissen, der Kreativität, der Zuverlässigkeit und auch der Erreichbarkeit/Präsenz des Chefs –, dann ist dies eine hervorragende Voraussetzung. Eine weitere Möglichkeit ist es auch, erst einmal unverbindlich zu starten, sich Ergebnisse (etwa in Form von »platzierten« Presseartikeln) präsentieren zu lassen und dann beispielsweise einen Jahresvertrag abzuschließen. Mit mittleren und großen Agenturen klappt dies meist nicht und es gilt auch zu beachten, dass Kommunikation oft das Bohren dicker Bretter bedeutet – man also je nach Thema und Anliegen einen längeren Atem braucht. Erfolge können oft nicht im Handumdrehen erzielt werden.

Agenturen mit Fokus auf Media Relations

Freilich können manche Agenturen durchaus zaubern und relativ schnell Sichtbarkeit in Print- und Onlinemedien, manchmal auch im TV sorgen. Weil sie gute Kontakte haben, also wissen, wen man anspricht, und weil sie wissen, was Journalisten interessiert. Denn dies ist immer die Voraussetzung für eine platzierte Geschichte, einen Gastbeitrag oder ein Interview, das beim Redakteur angeregt worden ist. Idealerweise verfügt ein Unternehmen über eine attraktive Story ein tolles Produkt, eine sinnvolle Dienstleistung – in der Regel mit einem hohen Neuigkeitswert und herausgearbeitet/aufbereitet durch die Agentur – und bietet dies dem Journalisten an. Wenn er die Sache gut findet, macht er was draus; das heißt, er schreibt einen Artikel (in der Regel nicht nur über dieses eine Unternehmen, sondern über den Bereich; es sei denn, es ist ein

Porträt oder Sie sind die erste Firma dieser Art), beleuchtet das Thema mit einem Interview oder er vermittelt die Möglichkeit, einen Gastbeitrag zu schreiben. All dies »organisieren« Agenturen, die den Schwerpunkt Media Relations haben. Es ist traditionelle Pressearbeit, wie bei einer ausgelagerten Pressestelle.

Bei aller gebotenen Distanz und Arbeitsteilung zwischen Journalisten und PR-Leuten, auf die besonders die Medienschaffenden achten – auch Redakteure sind auf die Mitarbeit von Quellen und Gesprächspartnern angewiesen und freuen sich über Anregungen von außen. Sie müssen nur interessant, neu und relevant für deren Zielgruppe sein (die idealerweise auch die Ihre sein sollte).

Eine Spezialagentur sollte eine Fülle an Möglichkeiten und Strategien in petto haben, um die Sichtbarkeit des CEOs zu erhöhen und medienübergreifend zu denken, also von YouTube, TV, Print, über Online bis hin zu Events oder einem parlamentarischen Abend mit Bundestagsabgeordneten. Mit kreativem Themenmanagement, runden Konzepten und starken Kontakten zu Journalisten sollten solche Agenturen Ihre Erfolgsgeschichte zur Zielgruppe bringen und sie auch strategisch positionieren. Bei kleinen, inhabergeführten Dienstleistern klappt dies am besten, und zwar aus einem einfachen Grund: Auch wenn man für professionelle Pressearbeit nicht unbedingt einen direkten Draht in die Redaktion benötigt, sondern auch das oben geschilderte Handwerkszeug ausreicht, so sind persönliche Kontakte hilfreich. Und welcher angestellte PR-Referent in einer größeren Agentur möchte schon diese – wertvollen – Kontakte für einen Kunden nutzen, für den er im Zweifel nur zwei, drei Monate arbeitet? Bei kleinen Agenturen, wo der Chef zum Hörer greift, ist die Motivation hierfür eine ganz andere.

Sonderform der PR: mit Büchern Geschichten erzählen

Warum ist eine Geschichte für Ihr Unternehmen so wichtig? Steve Jobs, Bill Gates, Marc Zuckerberg, Trigema-Chef Wolfgang Grupp oder »Schraubenkönig« Reinhold Würth haben den Erfolg ihrer Unternehmen gemeinsam – natürlich den Erfolg, denn sonst hätten wir nie so ausführlich von ihnen gehört. Es ist die Geschichte, die sie über ihren Erfolg erzählen und mit der sie globale oder zumindest deutsche Bekanntheit erlangt haben – auch wenn Würth in seiner Nischenbranche Weltmarktführer ist. Diese Gründer hatten nicht nur eine entscheidende Idee. Sie hatten auch den Mut, diese durchzusetzen und ein Unternehmen zu gründen oder wie im Falle Würths eine bestehende Organisation drastisch umzubauen und stetig weiterzuentwickeln, darunter auch mit dem Zukauf von Liqui Moly, dem Unternehmen unseres Gesprächspartners Ernst Prost.

Menschen weltweit kennen deshalb die Erfolgsgeschichte von Steve Jobs, die anfänglichen Schwierigkeiten, Rückschläge bis hin zum Durchbruch: Wer heute an Apple denkt, denkt deshalb an Steve Jobs, der Apple einst als Garagenfirma gründete. Seine schlichte Kleidung als ein Signal von Understatement spiegelte die klare Form aller Apple-Produkte wider. Steve Jobs wurde zur Marke seines Unternehmens, seine Geschichte zur Geschichte Apples. Doch was macht den unschätzbaren Wert solch einer Story für ein Unternehmen aus? Es ist nicht die reine Informationsvermittlung. Wichtiger ist der Mensch und damit direkt verbunden die Emotionen – und zwar jene, die bei uns ausgelöst werden. Denn nur ein Mensch, ein Protagonist, mit seinem romanhaften und steinigen Werdegang lässt uns mitfiebern und die ganze Bandbreite eines Unternehmerlebens miterfahren: Risiko,

Kampf, Konflikte, Wagemut, Ideen, Geld, Widerstände und Erfolg. Geschichten, von kleinen Episoden bis Heldensagen, sind einprägsamer, attraktiver und auch »verdaulicher« als die Vermittlung bloßer Fakten. Inhalte können so übrigens auch wesentlich besser erinnert werden. Der emotionale Aspekt unterstützt diesen Prozess – und im besten Fall wird die Geschichte zum Mythos und eilt der Marke als guter Ruf voraus. Die Weitergabe des Wissens über die Markenwerte erfolgt so automatisch. Wurde die Geschichte einmal gehört, bleibt sie im Gedächtnis und kann so nicht nur in Bezug auf den Wiedererkennungswert beim Kunden ein Vorteil sein.

Auch und gerade innerhalb des Unternehmens wird von Geschichten profitiert. Sie sind bedeutsam für den Zusammenhalt in Organisationen. Es liegt auf der Hand, dass solche Geschichten – die sich naturgemäß um die führenden Personen, Historisches und oft um Kämpfe aus der Gründerzeit drehen – vor allem die Identifikation der Mitarbeiter mit der Firma stärken. Daneben bieten sie Anekdoten zum Weitererzählen, dienen als Orientierungshilfe für neue Mitarbeiter und sind Quelle von Stolz auf das Unternehmen und den – meist – Gründervater. Oft ist eine gehörige Portion Nostalgie mit dabei. Mitarbeiter dürften für Storys sogar die allererste Adresse sein. Denn Außenstehende beschäftigen sich nur in Ausnahmefällen, etwa bei Promi-CEOs oder Skandalbiografien, ausführlich mit dem Werdegang von Machern und Firmen. Angestellte wiederum wollen mehr darüber wissen, gegen welche Widerstände sich der Gründer vor 50 Jahren durchgesetzt hat, durch welchen Mangel er überhaupt auf die Produktidee kam, wie er sich sein erstes Geld besorgt und dann Klinken geputzt hat. So oder so ähnlich laufen die meisten Firmengeschichten ab und bei hundert Jahre alten Unternehmen kommt dann noch hinzu, wie diese wohl den Zweiten Weltkrieg überstanden haben. All dies saugen vor allem Mitarbeiter auf, für die die Geschichte eine besondere Relevanz hat.

Google, Apple, aber vor allem auch große deutsche Mittelständler üben über ihre Unternehmenskultur Magnetwirkung auf neue Mitarbeiter aus. Denn heute reicht es nicht mehr aus, nur ein guter Arbeitgeber zu sein. Viel wichtiger ist es, neue Mitarbeiter mithilfe einer klaren Positionierung – mit einer Unternehmerpersönlichkeit im Mittelpunkt – auch aktiv anzuwerben.

Das Aufzeigen einer – durchaus offiziellen – Unternehmenskultur verdeutlicht Mitarbeitern auch, Teil eines Ganzen zu sein, an dem sie mitarbeiten können. Zudem wissen Mitarbeiter, woran sie sind; sei es, weil der Gründer das Steuer immer noch fest in der Hand hält oder Nachfolger in seine Fußstapfen getreten sind und die Flamme am Lodern halten – und damit eine Kontinuität der Firmenkultur aufzeigen, weil sie eben bewahrt und weiter übermittelt wird. Gleichzeitig kann man mit Geschichten auch Veränderungsprozesse in einer Organisation begleiten.

GESCHICHTEN SIND ZEITLOS: DAS BUCH IN DER DIGITALEN EPOCHE

Das Buch als klassisches Instrument, eine Geschichte zu erzählen, ist auch in Zeiten der digitalen Transformation unübertroffen. Deutschland gehört zu den weltweit größten Büchermärkten und der Umsatz bleibt trotz großer Umbrüche und massiver Medienkonkurrenz seit zehn Jahren weitgehend stabil. Im Jahr 2019 lag der Umsatz der Branche bei 9,29 Milliarden Euro, inklusive E-Books. Im Jahr 2020 ging er mit 2,3 Prozent nur leicht zurück. Diese Entwicklung spiegelt die Konsistenz von Print- und E-Büchern, die im Gegensatz zu Online- und Printmedien bleibenden Wert haben – besonders die gedruckte Variante, die nach wie vor den mit Abstand größten Marktanteil hält, weil man sie anfassen, fühlen und umblättern kann.

Dies haben auch immer mehr CEOs und Unternehmer erkannt, die über ihre Branche oder über sich selbst Sachbücher oder Autobiografien schreiben – oder von Ghostwritern formulieren lassen. Der Charme dabei: Sie haben die absolute Kontrolle über die eigene Darstellung. Selbstverständlich müssen diese Bücher relevant, korrekt, interessant, spannend, ausgewogen und aktuell sein – also jene Kriterien erfüllen, die Leser begeistern und Verlage dazu bringen, das Buch zu veröffentlichen. Dennoch haben CEOs und Inhaber von Unternehmen den Daumen auf ihrer Geschichte. Bei Sachthemen sind sie nah dran an der Branche und können frisch von neuen Phänomenen und Entwicklungen schreiben, selbstverständlich allumfassend und nicht nur über ihre Firma. Sie können Insiderinformationen bringen und anschauliche Beispiele und Episoden. Autor eines Buchs von 150 oder 250 Seiten zu sein, ist wohl einer der besten Wege, sich einen Expertenstatus zu erarbeiten.

Autobiografien: Wie man eine Geschichte aufbaut

Die Königsdisziplin ist dabei die Autobiografie, die in der Regel auf drei Säulen steht:

- dem persönlichen Werdegang inklusive Elternhaus, Prägungen aus der Kindheit und Ausbildung,
- dem Unternehmen (Aufbau, Übernahme oder Ausbau) und
- der Branche selbst.

Ergänzt wird dies durch zusätzliche Geschäftsfelder – nicht selten bei Erfolgsmenschen –, besondere Hobbys oder gesellschaftliches Engagement. Übertreiben sollte man gerade Letzteres aber nicht. So hat man den Eindruck, dass in der grundsoliden

Roßmann-Biografie » ... dann bin ich auf den Baum geklettert!« am Ende Seiten geschunden werden mussten, um auf ein gewisses Volumen zu kommen. So wurde scheinbar das Schicksal jedes einzelnen von Roßmann unterstützten afrikanischen Kindes ausgewalzt, genauso wie seine Begeisterung für die von ihm geförderten Zauberer »Ehrlich-Brothers«. Die »Afrika- und Ehrlich-Kapitel« nehmen bei insgesamt 250 Seiten ganze 50 Seiten ein – eindeutig zu viel, wenn man die Biografie eines Drogerie-Tycoons gekauft hat. Stattdessen hätte man gern mehr über Bracheninterna und die Konkurrenz erfahren, vor allem auch von Anton Schlecker und seiner Pleite (sicher der Hauptgrund, solch ein Buch zu kaufen), als über äthiopische Kinder und Zaubertricks.

Ein Buch als Kulturgut ist die Publikationsart, mit der man am meisten Kompetenz signalisieren kann. Damit aber auch alles professionell und dramaturgisch ansprechend geschrieben ist, kommen in der Regel Ghostwriter ins Spiel. Dies ist ein offenes Geheimnis, ja manchmal werden sie auch genannt oder sogar in die Vermarktung einbezogen. Bei Roßmann etwa kommen die beiden Autoren in der Einleitung ausführlich zu Wort. Schraubenkönig Würth hat gar ein gemeinsames Interview mit Helge Timmerberg gegeben, der selbst ein bekannter Autor ist. Es spricht viel dafür, eine »Autobiografie« Profis zu überlassen, auch wenn sie damit nur noch der Stilform nach eine ist. Doch in der Regel haben Manager und Unternehmer etwas anderes in ihrem Leben gelernt, als packend, außergewöhnlich, spannend, kurios und emotional zu schreiben – alles Attribute, über die ein gutes Buch verfügen sollte.

Was aber vor allem im Buch enthalten sein sollte: Widerstände, Kämpfe, Hürden, (Fast-)Pleiten, also Probleme aller Art. Es wäre sonst ziemlich langweilig. Wie ein Roman benötigt auch eine Autobiografie Konflikte, vor allem auch jene im Elternhaus, wenn es sie gegeben hat. Neben der kurzweiligen Vermittlung von Daten und Fakten ist auch die Dramaturgie wichtig – in deren Mittelpunkt der Protagonist der Autobiografie steht, der Held. Freilich ist es eine Kunst, zuzuspitzen und zu verdichten, ohne wiederum zu dichten oder durch andere Kunstkniffe das Bild zu sehr zu verzerren. Naturgemäß wird in Autobiografien Negatives eher weggelassen. Erliegen Sie dieser Versuchung nicht; zumindest nicht, wenn es sich um prägende oder allen Beteiligten bekannte Aspekte handelt. Mit solch einem Buch machen Sie sich unglaubwürdig – genau das Gegenteil, was Sie mit dem Veröffentlichen eines Werks wollen.

Warum sollten Unternehmer ein Buchprojekt angehen? Sie haben der Welt viel zu berichten:

- **Ideen**: Mit Ideen und Visionen haben Sie ein Unternehmen aufgebaut. Sie haben Innovationen erdacht, Lösungen entwickelt, originelle Produkte geschaffen oder einmalige Dienstleistungen. Sie sind ein Pionier. Die Ergebnisse Ihrer Arbeit erleichtern anderen das Leben oder bieten einen unverzichtbaren Mehrwert.

- **Geschichten**: Sie haben etwas zu erzählen. Sie haben viel erlebt und durchgemacht. Ihr Leben und Arbeitsleben bieten spannende Geschichten. Sie haben Erkenntnisse gewonnen, sich Fachwissen erarbeitet und Antworten auf die Fragen der Welt gefunden.

- **Mut**: Mit großem Risiko – finanziell und persönlich – haben Sie etwas auf die Beine gestellt. Sie sind Vorreiter und lassen sich nicht beirren. Als Macher haben Sie einen hohen Preis bezahlt – und die Früchte Ihres Erfolgs geerntet.

- **Kraft**: Konflikte, Hürden und Herausforderungen pflastern unser Leben – besonders, wenn man ein Unternehmen aufbaut.

Mit Stärke und Kreativität haben Sie die Probleme gemeistert. Und es tun sich immer wieder neue auf.

- **Persönlichkeit**: Hinter jedem Unternehmer stehen ein Mensch, eine Familie, ein wechselhaftes Leben, Zweifel, Fehler, Irrwege, Freuden und Glück. Kein Werdegang ist geradlinig, erst recht nicht der eines Unternehmers.

- **Vermächtnis**: Sie haben etwas erreicht. Jetzt ist die Zeit, zurückzuschauen und Bilanz zu ziehen.

- **Schatz**: Keine Frage, Unternehmer sind die Helden von heute. Und sie besitzen einen Schatz. Er muss nur noch gehoben, aufbereitet und präsentiert werden – durchaus wie ein Abenteuerroman.

Idealerweise fiebert die Leserschaft mit dem Helden mit und es kommen auch Weggefährten und Kritiker zu Wort. Eine Autobiografie heißt meist, Bilanz zu ziehen, zumindest eine Zwischenbilanz – und da sollten gerade auch Fehler und Versäumnisse ausführlich dargestellt werden. Schließlich möchten die Leser von Ihnen lernen.

Alexander Weber: »Gut zu kommunizieren ist der Schlüssel für gute zwischenmenschliche Beziehungen«

Chief Growth Officer bei N26

Seit Herbst 2019 hält Alexander Weber die zu diesem Zeitpunkt neu geschaffene Position »Chief Growth Officer«. Weber kam 2014 als »Entrepreneur in Residence« zu N26 und ist nach den Gründern das dienstälteste Teammitglied. Er spielte eine entscheidende Rolle beim Erlangen der europäischen Banklizenz von N26 im Jahr 2016. Danach übernahm er die Leitung für den Bereich internationale Expansion. In dieser Funktion war er dafür verantwortlich, N26 in 24 europäischen Märkten verfügbar zu machen. In seiner heutigen Funktion als Chief Growth Officer ist Weber für die internationale Expansion, das Marketing und die europäischen Märkte zuständig.

Herr Weber, N26 soll »dem Lifestyle des 21. Jahrhunderts entsprechen«. Wie schlägt sich diese Devise in der Kommunikation mit den wichtigsten Zielgruppen nieder?

Unsere Kunden sind digital affin, daher kommunizieren wir mit ihnen in erster Linie über digitale Kanäle. Wie und was man kommuniziert, hängt vom jeweiligen Kanal ab. Während wir auf Twitter eher aktuelle Informationen zu N26 und unseren Produktneuheiten teilen, sprechen wir auf Facebook und Instagram über alltägliche Themen, die unsere Kunden und Community im Zusammenhang mit ihrem finanziellen Leben berühren. Auf LinkedIn stehen Recruiting- und Employer-Branding-Themen im Fokus.

N26 wurde von Valentin Stalf und Maximilian Tayenthal gegründet und weiterentwickelt, CEO und CFO. Sie sind nach ihnen das dienstälteste Teammitglied. Wie haben Sie sich insgesamt im Vorstand die Kommunikationsaufgaben aufgeteilt?

Die funktionale Verantwortung für Kommunikation (PR, Social Media, Content) ist Teil des Marketings und daher meine Verantwortung als CGO im Vorstand. Interne Kommunikation wird zwischen der CPO (Chief People Officer) und mir geteilt, je nach Thema.

In der Vertretung nach außen haben die General Manager unserer Regionen eine wesentliche Rolle; auf Gesamtunternehmensebene spielt Valentin Stalf als Gründer und CEO natürlich eine große Rolle in der Kommunikation, sowohl extern als auch unternehmensintern.

Ihr Bereich – was sich auch im Titel ausdrückt – ist das Wachstum; Wachstum vor allem durch neue Kunden. Dabei wollen Sie in ganz andere Dimensionen vorstoßen als heute. Welchen Anteil hat die Kommunikation für den Geschäftserfolg und das von Ihnen verantwortete Gebiet?

Kommunikation war und ist ein ganz wichtiger Faktor für unseren bisherigen Erfolg. Wir waren die erste mobile und komplett digitale Bank. Die Generierung von Aufmerksamkeit und das Aufklären über das neue Angebot sowie die Vorteile gegenüber traditionellen Banken ist für uns daher von zentraler Bedeutung. Damals richteten wir uns noch an eine sehr junge technikaffine Kundschaft. Heute wollen wir den Massenmarkt erreichen.

Sie sind für alle globalen Marketingaktivitäten verantwortlich. Wie unterschiedlich sprechen Sie als Firma die 25 verschiedenen Märkte und damit auch Kulturen an?

Es gibt für alle N26-Märkte eigene Marketing- und KommunikationsspezialistInnen, die die Besonderheiten des Marktumfeldes, der Zielgruppen und der Kultur genau kennen und so die richtige Ansprache wählen können. Ergänzt wird dieses Team von ExpertInnen mit einem globalen Fokus, die unter anderem länderübergreifende Kommunikationskampagnen konzipieren. Diese werden von den jeweiligen Märkten adaptiert und umgesetzt.

Sie sind gebürtiger Österreicher, so wie der CEO und CFO. Ist irgendetwas typisch österreichisch an der Kommunikation des Vorstands – und wenn ja, wo würden Sie sich verorten?

Das würde ich nicht sagen, da wir im Vorstand grundsätzlich immer auf Englisch miteinander kommunizieren. Neben einer gemeinsamen Sprache muss man aber auch ein gewisses Mindset teilen. Dazu gehört, digital und disruptiv zu denken und sich niemals mit dem Status quo zufriedenzugeben.

Sie kommen aus Wien, haben eine leitende Position in einem von Deutschlands Vorzeige-Start-ups, haben in Australien studiert und kümmern sich um 25 Märkte weltweit. Welche Lehren haben Sie hieraus für das Thema Kommunikation allgemein gezogen?

Gut zu kommunizieren ist der Schlüssel für gute zwischenmenschliche Beziehungen, die wiederum die Grundlage für

Kollaboration sind. Je mehr Führungsverantwortung man übernimmt, desto mehr wird die Hauptaufgabe, gut zu kommunizieren. Man kann nicht mehr mit seiner eigenen Arbeit die Ergebnisse erzielen, wenn man ein großes Team führt. Man muss sicherstellen, dass alle an einem Strang ziehen, was nur über gute Kommunikation zu erreichen ist. Insbesondere im interkulturellen Kontext ist es wichtig zu verstehen, wie man Kommunikation anpassen muss, um einen gemeinsamen Nenner zu finden.

Ihr Unternehmen existiert seit 2013. Eine Reputation musste sich N26 also erst aufbauen. Welchen Stellenwert hat der Ruf von N26 für den Geschäftserfolg – und gab es hier einen Schub durch das Erlangen der Bankenlizenz oder andere Meilensteine?

Wir sehen uns einerseits als digitales Tech-Unternehmen, andererseits als eine vollwertige Bank und unterliegen somit den gleichen regulatorischen Anforderungen wie jede andere traditionelle Bank. Reputation ist ein enorm wichtiger Faktor, da Bankgeschäfte eng mit Vertrauen und Sicherheit verbunden sind. Deshalb war und ist es für uns von enormer Wichtigkeit, in allen Märkten als ein vertrauensvoller Partner wahrgenommen zu werden.

Der Erwerb der Banklizenz war daher ein enorm wichtiger Meilenstein. Zum einen haben wir damit bewiesen, dass wir den hohen Anforderungen des deutschen Regulators gerecht werden können. Zum anderen sind wir damit unabhängig von Partnerbanken geworden.

4 - Handwerk und Grundregeln

»Vorbereitung und das gezielte Setzen von Botschaften sind unabdinglich, wenn der CEO als höchster Manager zum Gesicht, zum Aushängeschild des Unternehmens wird.« [74]

Kernbotschaften

Ehrliche und authentische Kommunikation ist eine abgeleitete Tätigkeit. Sie basiert auf Fakten, Daten, Werten oder realen Begebenheiten. Freilich wissen gerade wir als Kommunikationsexperten, dass dies »nur« den Idealfall darstellt. Schließlich ist die Darstellung gerade der eigenen Person auch mehr oder weniger eine Inszenierung und mitunter auch Show. Wie weit man hier geht, wollen wir in diesem Buch – in dem es schwerpunktmäßig um das Handwerk geht – nicht diskutieren. Was jedoch in jedem Fall wichtig ist, haben die Autoren der bereits erwähnten Studie der Universität Hohenheim perfekt formuliert: »Alle Kommunikationsmaßnahmen müssen von den Kernbotschaften abgeleitet werden. Dabei ist eine einheitliche Kommunikationslinie wichtig. Der CEO darf an unterschiedliche Stakeholdergruppen nicht widersprüchlich kommunizieren.«[75] Neben der rein praktischen Funktion als Sprachregelung stellen Kernbotschaften auch verbindliche Leitfäden dar. Sie sind »das Wichtigste, was man sagen möchte« – etwa in Interviews oder Talkshows –, dienen aber auch als Orientierung für alle Beteiligten, inklusive einem selbst. Kernbotschaften sollten dabei stetig überprüft, angepasst und auch sprachlich immer wieder verfeinert und präzisiert werden. Autorin Petra Sammer formuliert es ähnlich: »Bevor Sie überhaupt an Ihre gesamte Präsentation denken, verschaffen Sie sich einen Überblick über den Kernpunkt Ihrer Rede. Vergessen Sie nie Ihre Botschaft! Geschichte ist ja schön und gut, aber die Botschaft ist der Grund, warum Sie diese Rede überhaupt halten.«[76]

Dabei gilt es selbstverständlich immer, die Zielgruppe im Auge zu haben. Und für international tätige Unternehmen bedeutet dies auch entsprechend unterschiedliche Botschaften und Inhalte, wie das Beispiel N26 zeigt, die im Herbst 2020 25 verschiedene Märkte und damit auch Kulturen bediente. Alexander Weber, Chief Growth Officer, sagte hierzu: »Es gibt für alle N26-Märkte eigene Marketing- und KommunikationsspezialistInnen, die die Besonderheiten des Marktumfeldes, der Zielgruppen und der Kultur genau kennen und so die richtige Ansprache wählen können. Ergänzt wird dieses Team von ExpertInnen mit einem globalen Fokus, die unter anderem länderübergreifende Kommunikationskampagnen konzipieren. Diese werden von den jeweiligen Märkten adaptiert und umgesetzt.« Und er ergänzt: »Insbesondere im interkulturellen Kontext ist es wichtig zu verstehen, wie man Kommunikation anpassen muss, um einen gemeinsamen Nenner zu finden.«

Auch Dirk Kreuter, der in Dubai lebt und mit Menschen aus aller Welt vernetzt ist, empfiehlt eine eigenständige, spezifische Herangehensweise. »Jede Nation hat ihre eigene Kultur und jede Kultur ihre eigenen Vorlieben und Abneigungen. Die Deutschen kommen schnell zur Sache und sind sehr direkt. Das stößt in anderen Kulturen nicht unbedingt auf Gegenliebe. Trotzdem oder gerade deshalb halte ich eine individuelle Kommunikation für zwingend notwendig, sonst entstehen extrem viele Missverständnisse.« Bei aller Unterschiedlichkeit sieht Ernst Prost indes auch starke Gemeinsamkeiten zwischen den verschiedenen Ländern: »Die Kulturen, Religionen und Verhaltensweisen mögen unterschiedlich sein. Aber die Basis des persönlichen Umgangs miteinander ist immer gleich: Respekt, Anstand, Menschenwürde. Das ist die Klammer, die 150 Kulturen verbindet, die sich an der Oberfläche unterscheiden. Aber tief in uns drinnen sind diese verbindenden Elemente.«

Im Geschäftsleben können sich die Vorzeichen von einem Tag auf den anderen ändern – wir alle mussten dies im Frühjahr 2020 mit Corona erleben. Das bedeutete nicht nur eine Umstellung der Unternehmensprozesse oder gar des Geschäftsmodells, sondern auch der Kommunikation. Der Jachtvermittler Zizoo musste dabei seine Kernbotschaft nicht einmal ändern – diese kam gerade in der Pandemie zum Tragen, wie Anna Banicevic berichtet: »Als Unternehmen der Reiseindustrie waren wir wie die meisten anderen Firmen von der globalen Pandemie stark betroffen. Wir haben dann aber die Karte ausgespielt, die wir über die Jahre schon erkannt hatten und darauf unsere Botschaft abgestellt: Bootsferien sind die perfekte Alternative im Vergleich zu anderen Urlaubsoptionen und sind daher immer beliebter geworden. Denn sie bieten die ideale Gelegenheit, Menschenmassen zu vermeiden und nur mit einer kleinen Gruppe zu reisen. Während Hotels, Kreuzfahrten, Touren und Flugreisen stark betroffen waren, konnten wir gegenüber dem Vorjahr wachsen.«

Der CEO: Gesicht des Unternehmens

Wir haben bereits mehrfach über die Personalisierung gesprochen. Diese ist Fluch und Segen zugleich. Jeden Missstand, jedes Versäumnis, natürlich auch den Absturz des Aktienkurses, bringen Journalisten in Verbindung mit dem CEO. Wortwörtlich sagte der ehemalige Bahn-Chef Hartmut Mehdorn dem Magazin *Stern*, dass er sich von den Medien persönlich für ein »defektes Zugklo in Wanne-Eickel zur Rechenschaft gezogen fühlt.«[77] So ungerechtfertigt dies im Einzelfall sein mag, so verständlich ist auch die journalistische Verkürzung auf den Verantwortungsträger.

Selbstverständlich funktioniert dies umgekehrt genauso beziehungsweise ist zwingend: Der Absender und Verkörperer von Firmennews ist der Chef. Er ist rein praktisch das beste »Vehikel« für Meldungen. Journalisten benötigen schließlich Aussagen und Zitate. Nicht nur, aber besonders hilfreich ist die Personalisierung bei Produkten und Dienstleistungen, die eher sperrig sind und die sich schwer kommunizieren lassen. Technische Produkte oder IT-Dienstleistungen gehören dazu.

An die Spitze jeder Kommunikation gehört ein Kopf. Der Chef führt durch die Bilanzpressekonferenz, begrüßt mit dem Vorwort die Leser der Firmenbroschüre und geht, wenn sinnvoll, in die Talkshow. Nicht der CFO, Pressesprecher oder Kommunikationschef. Die kommunikative Kompetenz dürfte bei Letzteren vorausgesetzt werden. Auch sind sie im Zweifel besser in der Darstellung, doch natürlich muss der Chef »rausgucken«: Sie sind die kompetentesten Personen, wissen im Zweifelsfall am besten, was gesagt werden darf, und selbstverständlich ist dies manchmal auch aus protokollarischen Gründen geboten, zumal Journalisten immer die wichtigste Person wollen, nicht Kommunikationsprofis aus dem Hinterland.

Aber auch Gesprächspartner bei direkten Diskussionen achten auf die Kleiderordnung. Legendär ist das Streitgespräch des damaligen Bundesverkehrsministers Peter Ramsauer im ARD-Brennpunkt im Jahr 2010. In Island war der Vulkan Eyjafjallajökull ausgebrochen. Seine Aschewolke legte weite Teile des Flugverkehrs in Europa, Nordamerika und darüber hinaus lahm. Ramsauer hatte auch für Deutschland ein Flugverbot angeordnet – was die Lufthansa in Person des Kommunikationschefs kritisch sah und ihm in der Brennpunkt-Diskussion vorwarf, diese Restriktionen ohne ausreichende Grundlage leichtfertig verhängt zu haben. Darauf Ramsauer: »Für mich als deutscher Verkehrsminister ist es nicht maßgeblich, was der Sprecher eines deutschen Unternehmens sagt. Ich unterhalte mich normalerweise mit dem Chef, mit Herrn Mayrhuber.«[78] Es wäre interessant gewesen zu wissen, wie Ramsauer zu seinem eigen PR-Team stand. Sein Kollege, der einstige Bundesfinanzminister Wolfgang Schäuble, hatte bekanntlich vor laufender Kamera während einer Pressekonferenz seinen Pressesprecher in übler Manier heruntergeputzt. Doch zumindest mit Kommunikationsverantwortlichen außerhalb seiner Organisation stand Ramsauer einigermaßen auf Kriegsfuß, wie der NDR berichtete: »Als ein Pressesprecher eines Landkreises letztes Jahr darauf hinwies, dass der Eröffnungstermin des Berliner Flughafens im Mai 2013 wegen des Brandschutzes unrealistisch sei, ließ er ihn wissen: ›Glauben Sie, der deutsche Bauminister setzt sich mit Äußerungen eines Pressesprechers irgendeines deutschen Landkreises auseinander?‹«[79] All dies ist eine Abwägung. Für Äußerungen gegenüber Journalisten sind Pressesprecher schließlich da. Vor allem Print- und Onlinemedien sind auf die Statements des PR-Mannes angewiesen und nehmen mit ihnen vorlieb. Prominenter ist jedoch immer der Chef als Absender und es ist zwar selten, aber nicht ganz und gar unüblich, dass der Pressesprecher auch im Namen seines Chefs wortwörtliche Stellungnahmen abgeben kann.

Für das Tagesgeschäft, für Serviceleistungen gegenüber Medien oder anderen Zielgruppen sind die PR-Verantwortlichen die richtigen Stichwort- und Zitatgeber. Für wichtige und gar prominente Themen und Anlässe muss der Chef ran. Gerade in Großkonzernen sind die Themen so breit gefächert oder speziell – beispielsweise Finanzen oder Technik –, dass die jeweiligen Vorstandsmitglieder für ihren Bereich sprechen sollten. Bei strategischen, grundsätzlichen oder auch allgemeinen Themen sollte diese Aufgabe jedoch immer der CEO übernehmen. Dies liegt auch darin begründet, dass fast jede Organisation nur einen Kopf hat und vor allem auch in der Außenwahrnehmung haben sollte. Eine Person ist schließlich auch einprägsamer und nachhaltiger im öffentlichen Bewusstsein zu verankern als zwei. Nur selten gibt es Doppelspitzen, vorrangig in Parteien, und nicht immer läuft dies gut, kommunikativ und auch politisch gesehen. Geht man davon aus, dass die Präsenz des CEOs nur dazu da ist, auf die Marke und das Unternehmensrenommee einzuzahlen, ist die Fokussierung auf eine Person sinnvoll, ja zwingend. Diese Regel ist in der Politik außer Kraft gesetzt. Dort geht es den Protagonisten immer auch stark, wenn nicht sogar ausschließlich, um das eigene Vorwärtskommen und nicht jenes der Partei.

Bei börsennotierten Unternehmen wiederum hängt die Einschätzung der wirtschaftlichen Aussichten besonders eng mit dem CEO zusammen. Abberufungen können der Aktie einen Schub geben, die damit verbundene Bestallung eines neuen Chefs ebenso. Den CEO herauszustellen, ist ein Mittel und kein Selbstzweck. Wenn der Chef zur Marke wird – absolut zu begrüßen; auch wenn dies eng von der jeweiligen Persönlichkeit abhängt, tritt das Unternehmen nicht in den Hintergrund. Werte, Ansprüche, Maßnahmen, Produkte und Dienstleistungen werden durch ihn transportiert.

Wie wird der CEO eigentlich zum Markenträger seines Unternehmens und welche Mittel der Persönlichkeits-PR kann er nutzen, um sich auf dem Markt von den zahlreichen Mitstreitern mit möglichst klarem Profil abzuheben? Nun, wir haben es im Laufe des Buches beschrieben. Manche Chefs, meist Unternehmensgründer, haben ein Talent für offensive Außendarstellung – jeder auf seine Weise: Wolfgang Grupp, Steve Jobs, Ernst Prost oder Elon Musk. VW-Chefs sind nur in den seltensten Fällen Markenträger ihres Unternehmens. Obwohl sie dem weltgrößten (manchmal im Wechsel mit Toyota zweitgrößten) Automobilproduzenten vorstehen, sind sie überwiegend nur Wirtschaftsjournalisten und Branchenvertretern bekannt oder erlangen wie Personalvorstand Peter Hartz gleich in mehrfacher Hinsicht auf anderen Gebieten Berühmtheit. Ausnahme hierbei: Patriarch und Charismatiker Ferdinand Piëch, wenn auch sicherlich mit wenig Charme in der Außenwirkung. Ähnliches gilt für die meisten anderen DAX-Konzerne. Nur wenige Chefs erarbeiten sich ein nachhaltiges Standing, das sie über Insiderzirkel hinaus bekannt macht. Deutsche-Bank-Chefs gehören – man kann fast sagen qua Amt – dazu, durchaus auch als Hassfigur. Jedoch haben diese Bedeutung und Bekanntheit offenbar mit der des Geldhauses selbst dramatisch abgenommen. Namen wie der 1989 ermordete Alfred Herrhausen, Hilmar Kopper (»Das sind Peanuts«), Rolf E. Breuer (das »Kirch-Interview«) oder Josef Ackermann (auch berühmt geworden durch ein von Journalisten manipulativ vermarktetes Foto, auf dem er ein Victory-Zeichen zeigte) waren auch Außenstehenden bekannt. Seit dem Abgang Ackermanns 2012 hat sich dies deutlich geändert und die CEOs blieben – bislang – auch nur jeweils rund drei Jahre im Amt.

Ausschlaggebend ist selbstverständlich für den CEO die fachliche Kenntnis. Mit dieser hat er sich – in der Regel – qualifiziert und ist damit aufgestiegen. Dennoch zeigen gerade die deutschen CEOs und Gründer/Chefs der Hidden Champions eine auffällige

Abwesenheit von PR-Talent wie auch die fehlende Gabe, sich entsprechende Kommunikationskompetenzen schrittweise anzueignen – und offensiver und kreativer nach außen aufzutreten. Der CEO kann und muss sich vielmehr als Kompetenzträger und Führungsperson in der eigenen Branche einen Namen machen. Besonders für kleine und mittlere Unternehmen ist dies – eine interessante Botschaft vorausgesetzt – die Eintrittskarte zur Medienwelt und zu hoher Reichweite.

Etwas, worauf Medien ebenfalls ansprechen, berichtete uns Anna Banicevic: Als weiblicher CEO besitzt sie ohnehin einen gewissen Exotenstatus, in ihrer männerlastigen Branche umso mehr. Das wiederum hilft ihr allerdings bei der Pressearbeit. Sie sagte uns: »Dass ich eine Frau bin, weckt automatisch das Interesse der Presse und ich wurde von zahlreichen Medien interviewt, die sich genau auf diesen Aspekt konzentrierten. Angesichts der Tatsache, dass Segeln und Boote traditionell eher als ›männliche‹ Hobbys angesehen werden, findet die Presse diesen Kontrast interessant.«

Das Kommunikationsverhalten von CEOs

CEOs sollten ihr Sprechvermögen als kostbaren Rohstoff sehen, der für die Unternehmensführung und den Erfolg notwendig ist. Ein weiterer Punkt ist das Verhältnis zum Publikum, also zur Zielgruppe. Idealerweise sollte es hier eine große Schnittmenge, also Gemeinsamkeiten geben. Daher sind auch Empathie und Sozialkompetenz wichtige Faktoren für eine erfolgreiche Kommunikation.[80]

Krisen und Komplikationen können heute kaum noch vor der Öffentlichkeit versteckt werden. Probleme geraten meist früher oder später an das öffentliche Licht. Ob sie dort jedoch skandalisiert werden, hängt von der vorherrschenden, öffentlichen Meinung – also dem Zeitgeist –, aber auch dem Wohlwollen der Journalisten ab. Letzteres kann nicht oft genug betont werden. Manchmal aber ist eine Botschaft noch nicht reif oder sie wird durch andere Faktoren später erst zu einer Nachricht. Planen lässt sich all dies nur bedingt. So war der Informationsgehalt von Edward Snowden – gerade auch über das gigantische Datenerfassen der NSA und das Abschöpfen amerikanischer Kommunikationsfirmen und ihrer Kundendaten – gewaltig. Doch der Kern seiner Enthüllungen war Politikern, Fachautoren und Geheimdienstspezialisten längst bekannt. So schrieb etwa der deutsche Autor Wolfgang Baentsch im Jahr 2006 – sieben Jahre VOR den Veröffentlichungen von Snowden – in einem Buch über den Tod des früheren Ministerpräsidenten von Schleswig-Holstein, Uwe Barschel: »Der gesamte deutsche Fernsprechverkehr, ob Mobil- oder Festnetz-Telefonie, läuft einschließlich aller Telefaxe und sämtlicher E-Mails in die weitgespannten Netze der NSA, mit denen die Agenten den Äther über Mitteleuropa abfischen. Seit dem Frühjahr 2005 geschieht das systematische Abhören über eine mit modernstem Gerät ausgestattete Großanlage in Griesheim bei Darmstadt.«[81] Was sich liest wie eine Zusammenfassung der wichtigsten Snowden-Erkenntnisse, wussten Eingeweihte, Experten und vor allem auch deutsche Politiker also seit Langem – es wurde nur nicht so breit darüber geschrieben und gesendet.

Ernst Prost: »Ich rede nie verkünstelt, durchaus mal grob – aber immer mit Herz«

Geschäftsführer der Liqui Moly GmbH

Liqui Moly GmbH ist ein in 150 Ländern aktives Unternehmen, das auf die Herstellung von Additiven, Schmierstoffen und Motorenölen spezialisiert ist. Einem großen Publikum bekannt wurde Prost mit seinen TV-Werbespots. Doch der Unternehmer ist nicht nur im Wirtschaftsleben aktiv. Als typischer Vertreter des deutschen Mittelstands setzt er sich stark für sozial benachteiligte Menschen ein – von Deutschland bis Afrika: Aus seinem Engagement heraus entstanden daher die »Ernst Prost Stiftung« für soziale Zwecke und unverschuldet in Not geratene Menschen, die »Ernst Prost Foundation for Africa« und als dritte die Stiftung »Menschen für Frieden – Frieden für Menschen«.

Herr Prost, wie wichtig ist es für den Geschäftserfolg, dass ein Firmenchef neben seiner fachlichen Expertise zum Produkt, Markt, zur Branche und zu Finanzen auch über herausragende Kommunikationsfähigkeiten verfügt?

Fachlich muss man Ahnung haben, keine Frage. Darüber steht aber die Fähigkeit zum Menschlichen, zur Empathie und Sympathie. Vorstände, CEOs, Chefs und Unternehmer sind Anführer und diese müssen auch das richtige Rüstzeug dafür mitbringen, Herz und Seele derjenigen zu erreichen, die ihnen folgen.

Wie sieht Ihr geschäftlicher Kommunikationsmix aus in Bezug auf die wichtigsten Stakeholder – Kunden, Vertriebspartner und Mitarbeiter – und wie hat sich

dieser seit Beginn Ihres Einstiegs bei Liqui Moly vor dreißig Jahren geändert?

Ich schwätze immer noch so, wie mir der Schnabel gewachsen ist: mit Dialekt, plastischen Beispielen, ich male sprachliche Bilder. Ich rede nie verkünstelt, sondern stets die Wahrheit, Tacheles, durchaus auch mal grob, aber mit Herz. Und dabei behandle ich alle gleich, ob Pförtner oder Prokurist, Großhändler oder Lagerarbeiter. Das ist meine Form von Authentizität. Wenn man nicht wie eine Maschine redet, erhöht dies auch die Bereitschaft der anderen zu folgen.

Liqui Moly ist in 150 Ländern tätig. Wie unterschiedlich sprechen Sie als Firma die verschiedenen Märkte und damit auch Kulturen an?

Die Kulturen, Religionen und Verhaltensweisen mögen unterschiedlich sein. Aber die Basis des persönlichen Umgangs miteinander ist immer gleich: Respekt, Anstand, Menschenwürde. Das ist die Klammer, die 150 Kulturen verbindet, die sich an der Oberfläche unterscheiden. Aber tief in uns drinnen sind diese verbindenden Elemente.

Hat sich Ihr Kommunikationsstil seit dem Verkauf an die Würth-Gruppe geändert? Bis dahin waren Sie Inhaber und geschäftsführender Gesellschafter, jetzt nur noch Geschäftsführer? Müssen Sie sich nun mit Reinhold Würth oder seiner Kommunikationsabteilung abstimmen?

Nein, auch hier hat sich nichts verändert. Ich kommuniziere weiter so, wie ich bin – bodenständig, direkt, ohne Fachausdrücke und überflüssiges Englisch –, und auf diese Weise wird das Unternehmen auch so erfolgreich fortgeführt, wie es Professor Würth gekauft hat. Er würde mir nie reinreden, zumal wir da vom selben Schlag sind. Anders sieht es möglicherweise in der zweiten Reihe, bei seinen Kommunikationsleuten aus. Ich denke, die schlagen schon mal die Hände über dem Kopf zusammen, wenn sie das eine oder andere von mir lesen – aber das macht eben auch die Marke Liqui Moly aus. Selbstverständlich funktioniert diese Autonomie aber nur, solange wir auch wirtschaftlich erfolgreich sind.

Ein Firmenchef sollte oberster Kommunikator sein, vor allem bei Veränderungen. Wie haben Sie den Verkauf an Würth gegenüber den wichtigsten Anspruchsgruppen kommuniziert, vor allem gegenüber Mitarbeitern und Kunden?

Das war ein Tanz auf dem Vulkan – und besonders für viele Kunden war dieser denkwürdige 20. Dezember 2017 ein Schock. Schließlich ist Würth für manche von meinen Großhändlern ein direkter Konkurrent. Das war tatsächlich nicht einfach, ihnen zu erklären, dass das gut ist. Aber man muss hier meine Motivation für den Verkauf sehen: Ich wollte, dass mein Unternehmen in sicheren Händen liegt, wenn mir etwas passiert und wenn ich sterbe. Bei Professor Würth ist das der Fall, zumal für Liqui Moly alles so geblieben ist – also nicht im Sinne von Stillstand, den gab es bei uns nie, sondern im Sinne einer Kontinuität aus meiner Hand. Rein praktisch musste ich aber nach der Verkündung viele persönliche Gespräche führen. Natürlich gab es Pressemitteilungen, Rundschreiben, alle Auslandskontakte wurden informiert, aber das hat nicht gereicht. Viele hatten nun Angst. Aber die Tat ist die beste Kommunikation. Vom Gedanken, zum Wort, zur Tat – das steigert die Beweiskraft. Niemandem wurde am Ende Geschäft weggenommen. Das war sichtbar für alle und so sind auch alle Geschäftspartner an Bord geblieben.

Sie waren vor knapp zehn Jahren einmal sehr präsent in Talkshows. Dann plötzlich nicht mehr. Was ist passiert?

Der Stern hatte eine drei Jahre alte Geschichte ausgegraben: Ich musste eine betrügerische Spitzenführungskraft entlassen und hatte darüber – in meinem direkten, durchaus derben Ton – per E-Mail alle meine Mitarbeiter informiert. Das ist unser Stil, denn es gab hier massive Verfehlungen mit hohem finanziellem Schaden und enormem Risiko für die gesamte Firma – und dies hatte ich natürlich meinen Mitarbeitern mitgeteilt. Der Stern, wie auch andere Medien, darunter Markus Lanz, haben diesen – sachlich gesehen – klaren Betrugsfall aufgrund meiner Kommunikation dazu in ein schlechtes Licht getaucht und sind darauf herumgeritten. Ich bin mir sicher, dass sie anderswo wiederum so eine Führungskraft als betrügerisch und als Beispiel für aus dem Ruder gelaufenen Kapitalismus gebrandmarkt hätten – aber nun hatten sie mich am Wickel und haben nicht mehr losgelassen. Sie wollten mich fertigmachen, auch mit konstruierten Behauptungen. Und daraufhin hatte ich keine Lust mehr und habe sofort meine Medienpräsenz heruntergefahren. Ich bin gewissermaßen in Quarantäne gegangen. Bis zum Februar 2020, als Corona kam. Da habe ich erkannt, dass wir wieder rausmüssen, um unseren Bekanntheitsgrad zu halten, auf die Gefährlichkeit der Pandemie für unsere Wirtschaft aufmerksam zu machen – und natürlich für den Verkauf unserer Produkte zu werben. Der Takt ist hoch, wie einst. Doch wenn Corona vorbei ist, ziehe ich mich wieder zurück.

Eine wichtige kommunikative Zielgruppe von Firmenchefs sind naturgemäß die Mitarbeiter, Sie nennen sie

sogar »Mitunternehmer«, die Firma ist Ihre »Familie«. Wie drückt sich diese Wertschätzung aus?

Wir sind gemeinsam Unternehmer, es sind mehr als nur Mitarbeiter. Sie sind Entrepreneure, die nicht nur ihren Job machen, eine ganz andere Einstellung steht dahinter. Und dies sind nicht nur Sprüche, dazu gehört auch Teilhabe und Wertschätzung. Einerseits danke ich ihnen permanent, bei Geburtstagen, mit Geschenken und in Briefen, doch auch finanziell: Jedes Jahr schütte ich einen ordentlichen Teil vom Firmengewinn aus, »fette Beute«, wie ich sage. Mehrere Jahre waren dies 11.000 Euro brutto, vom Pförtner bis zum Bilanzbuchhalter. Damit einher geht aber auch ein Versprechen meinerseits, nämlich die Sicherheit des Arbeitsplatzes zu garantieren. Niemals wird es bei uns Kurzarbeit geben. Bevor jemand entlassen wird, verkaufe ich mein Schloss. Denn ich weiß: Es sind die Menschen, die für mich arbeiten, die die Wertschöpfung liefern und die mich reich gemacht haben. Und diese Einstellung von mir ist nichts Neues, ich lebe sie seit zwanzig Jahren.

»Ernst Prost hat sich dem Verkaufen verschrieben« ist der erste Satz Ihres Profils auf der Unternehmenswebsite. Klingt konsequent. Schließlich sind Sie auch – bevor Sie 1998 alleiniger geschäftsführender Gesellschafter wurden und die Firma übernommen haben – 1990 erst einmal Vertriebs- und Marketingchef gewesen und hatten ähnliche Positionen in vorherigen Unternehmen. Ist Verkaufen für Sie dasselbe wie Kommunizieren?

Verkaufen ist zunächst einmal notwendig, denn es legt die Basis für Umsatz und Gewinn. Doch tatsächlich ist alles, was ich geschäftlich mache, Kommunikation, so wie es auch jeder Außendienstler für sein Absatzgebiet macht. Kommunikation – und zwar alles vom Sponsoring der Handball-WM über Influencer-Marketing bis zu unserem monatlichen Magazin – ist neben Verkaufen Kern eines Unternehmens. Beide erfüllen zwar unterschiedliche Funktionen, gehen aber Hand in Hand.

Der Wiederkennungswert eines Unternehmens läuft stark über die Marke. Wie haben Sie die Marke Liqui Moly weiterentwickelt und gepflegt?

Eine Marke ist mehr als das »Ding«, das man nach außen trägt. Eine Marke ist ein Leistungsversprechen, eine Philosophie, mehr Religion als Logo; mehr ein Grundgesetz als nur bunte Bilder. Eine Marke muss allerdings gelebt werden, angefangen beim Pförtner. Alle machen Marketing: Es nützt nichts, wenn man eine tolle Wort-Bild-Marke hat und es geht keiner ans Telefon, wenn der Kunde anruft. Gleichzeitig bin ich wohl auch ein gutes Beispiel für das, was der Volksmund mit »Der ist eine Marke« bezeichnet, also eine unverwechselbare Marke, aufgeladen mit viel Energie.

Sie haben erst vor Kurzem gesagt: »Natürlich sollten sich Manager politisch positionieren.« Warum? Sollten Unternehmer nicht einfach nur ihren Job machen?

Ich bin gegen die Ansicht, dass Wirtschaft etwas Eigenes, etwas von der Gesellschaft Abgetrenntes ist. Wirtschaft, das sind wir alle – vom Restaurant bis zum Fitnessstudio. Und auch jemand, der Autos baut, kann nur davon leben, weil ein Pizzabäcker den Wagen kauft – und der wiederum, weil der Facharbeiter sich abends eine Pizza gönnt. Ich bin also dafür, dass all dies als eins gesehen wird, was auch heißt, dass wir Unternehmer und Wirtschaftsführer uns politisch mit unserer Meinung einbringen – schließlich geht es da um die Rahmenbedingungen für die Wirtschaft und unser Wohl. Auch darin soll sich die Verantwortung für unsere Gesellschaft und unser Land zeigen. Wir sind da eine Schicksalsgemeinschaft.

Wie viel haben Ihre Talkshow-Auftritte auch auf das Thema Werbung/Marketing eingezahlt? Können Sie eine direkte Wirkung beim Umsatz festmachen?

Diesen Zahn habe ich mir schon lange selbst gezogen. Generell halte ich es für unmöglich, die Wirkung sämtlicher Kommunikationsmaßnahmen und Ausgaben konkret zu messen. Werbung, Sponsoring, meinetwegen auch ein Talkshow-Auftritt, das ist alles nicht berechenbar. Natürlich sind diese Dinge wichtig, sonst würden wir sie auch nicht in enormem Maße tun, aber man kann es eben nicht eins zu eins nachvollziehen à la »ein Zwei-Millionen-TV-Spot bringt acht Millionen Euro Umsatz«, sondern nur im großen Ganzen. Natürlich steigern wir damit den Bekanntheitsgrad und sicher auch die Sympathie, die man uns entgegenbringt, oder man hat einen besseren Spielraum für Preiserhöhungen. Aber man kann das nicht an harten Zahlen festmachen oder dass am nächsten Tag die Leute im Baumarkt plötzlich mehr zu unseren Produkten greifen.

Eignet sich Ihr persönlicher, hemdsärmelige Kommunikationsstil eher für kleinere/mittelgroße Unternehmen? Ja, ist es gerade ein Stil der Abgrenzung gegenüber Ihrer großen Konkurrenz?

Das hat nichts mit Größe zu tun, sondern eher mit der persönlichen Verantwortung für die Mannschaft; also mit der Tatsache, ob es sich um ein inhabergeführtes Unternehmen handelt oder nicht. Kulturell gesehen ist das ja bei Liqui Moly immer noch der Fall, auch wenn ich keine Anteile mehr halte. Ich und andere Unternehmer sind da wesentlich freier als angestellte Manager. Sie beneiden mich mächtig, wie es mir einmal ein CEO gesagt hat. Was ich mir an Sprüchen leisten kann, kann sich ein Vorstandsvorsitzender nicht erlauben; auch weil er immer den Aktienkurs im Blick haben muss. Der wäre bald abgesägt.

Sie sagen, Sie haben selbst keine Werbe-, keine PR-Agentur. Wie organisieren Sie das alles?

Ja, wir machen tatsächlich alles bei uns im Haus, in einer immer größer gewordenen Abteilung. Und das seit zwanzig Jahren. Das ist auch mein Credo. Die Leute an der Verkaufsfront wissen immer noch am besten, was funktioniert, nicht in einer zwischengeschalteten Agentur. Den einzigen Dienstleister, den wir hier nutzen, ist eine Mediaagentur für die Buchung der TV-Spots und Anzeigen – weil wir auf den fünfzehnprozentigen Agenturrabatt nicht verzichten wollen.

Vertrauen

Vertrauen ist für jedwede Kommunikation zwingend notwendig. Jede Quelle und jeder Absender einer Botschaft benötigen absolutes Vertrauen – sonst ist jeder Informationsaustausch wertlos. Ehrlichkeit und Authentizität sind daher wichtige Bestandteile für ein erfolgreiches Kommunikationsverhalten. Skandale und Krisen kommen vor. Doch entscheidend ist immer der Umgang damit. Die Liste deutscher Politiker, die durch die falsche Kommunikation in der Krise – nicht wegen der Krise selbst – zurückgetreten sind, würde Seiten füllen.

Um Visionen und Ziele gegenüber dem Markt überhaupt vermitteln zu können, ist als Basis Vertrauen gefragt. Vertrauen gewinnt man in der Wirtschaft vor allem durch funktionierende, noch besser: exzellente Dienstleistungen, Kundenfreundlichkeit und Angebote seitens des Unternehmens. Dies als Voraussetzung, funktioniert die Kommunikation gleich noch besser. Unter die Räder kam im Zuge des Wirecard-Bilanzskandals gleich eine ganze Zunft: die der Wirtschaftsprüfer. Dabei lebt keine Branche »so sehr von Reputation und Vertrauenswürdigkeit wie die Wirtschaftsprüfung. Mit nichts weiter als seiner Unterschrift bürgt der Wirtschaftsprüfer für die Richtigkeit eines Konzernabschlusses. Investoren in aller Welt verlassen sich auf das Urteil. Ohne diese Vertrauenswürdigkeit hat ein Wirtschaftsprüfer seine Geschäftsgrundlage verloren«, so das *Handelsblatt*.[82] Wichtig in diesem Zusammenhang: Reputation hat man nicht in sich oder an sich – sie liegt immer im Auge der anderen, der Zielgruppe.

Attribute wie Authentizität, Seriosität und Vertrauen brauchen echtes »Fleisch und Blut«, so emotional die Produkte wie Autos, Sneaker oder Tablets auch sein mögen. Menschen haben ein Bedürfnis, sich mit jemandem zu identifizieren – und dies geht am besten mit einer Person. Auf die Spitze getrieben wird dies, wenn Person und Marke eins sind, wie etwa bei Trigema, und das Produkt wiederum eher austauschbar ist wie eben Polo-Shirts. Eine Person ist greifbar, vorstellbar – eben lebendig. Alle schönen Werte, Botschaften und Kernbegriffe lassen sich am besten mit einer Person transportieren und so mit Leben füllen. Im besten Fall verkörpert sie das auch, spielt es also nicht vor.

Natürlich kann man auch zu einer Firma Vertrauen aufbauen – echtes Vertrauen, ein Urbedürfnis entsteht aber nur gegenüber Menschen. Jakob Mähren hat sich daher bewusst dafür entschieden, seine Firma MÄHREN zu nennen, »um mit meinem Namen für mein Unternehmen und meine getroffenen Entscheidungen einzustehen. Einen Firmennamen kann man jederzeit ändern, den Familiennamen nicht.« Ein Produkt kann faszinieren und fast süchtig machen, denken wir an Autos, iPhones oder den Thermomix. Ein Unternehmen, vor allem aus dem IT-Bereich, bleibt meist nur ein abstraktes Gebilde. Die übergroße Mehrheit an Werbe- und Anzeigenformaten baut verständlicherweise auf dem Produkt oder der Dienstleistung auf. Nur selten bringt sich die Führungsperson, oft der Unternehmensinhaber ins Spiel: neben Wolfgang Grupp etwa auch Ernst Prost mit einem eigens zur Corona-Krise produzierten Werbespot mit ihm inmitten von Ölfässern oder Claus Hipp von der gleichnamigen Babynahrung: »Dafür stehe ich mit meinem guten Namen«. Überraschend: Als Adidas im April 2020 wegen der Ankündigung, keine Miete mehr zu zahlen, unter Druck geriet, bat das Unternehmen mit Zeitungsanzeigen in Form eines Briefs um Entschuldigung. (Vgl. »Beispiel Adidas« im Abschnitt »Krisen-PR«.) Am Ende dieser Anzeige indes stand nicht die Unterschrift von CEO Kaspar Rorsted, sondern nur »ihr adidas Team«.[83] Man kann nur mutmaßen, warum. Möglicherweise sollte Managerstar Rorsted, »Manager des Jahres 2019« des *Manager Magazins*, nicht weiter namentlich mit dem PR-Debakel assoziiert werden.

Jenseits von Werbung oder Social Media – bei denen Unternehmen die Botschaft bestimmen, aber freilich nicht die Reaktionen darauf – stoßen wir jedoch in der klassischen Medien- und Wirtschaftsberichterstattung auf ein grundsätzliches Problem. Medien berichten überwiegend – nicht nur – über Konflikte, Krisen und Katastrophen, personalisiert durch den Topmanager. Ausnahmen sind Positiv-Aktionen wie »Manager des Jahres«, die natürlich mit einem überwiegend wohlwollenden Beitrag begleitet werden, sonst hätte es schließlich diese Auszeichnung nicht gegeben. In der übergroßen Zahl der Formate jenseits von Bilanzpressekonferenzen oder Hauptversammlungen der Aktiengesellschaften ist aber meist ein Problem der Anlass für einen Artikel. Hier kommt in der Regel der CEO ins Spiel. Alles, was in der jeweiligen Firma nicht läuft, wird ihm in die Schuhe geschoben. Formal ist das sicherlich korrekt: Er trägt die Verantwortung.

Storytelling – mit dem Menschen im Mittelpunkt

Ein Unternehmer, der sich in einer Krise stellt, der zeigt, was ihm das Unternehmen bedeutet, der auch zeigt, was hinter den Türen seines Unternehmens passiert, wird schon alleine deshalb als mutig und ehrenhaft wahrgenommen, weil er sich nicht versteckt. Visionäre und Gründer stehen oft mit ihren Ideen und deren Umsetzung alleine da und kämpfen für ihre Idee gegen viele Widerstände. Bestes Beispiel ist Elon Musk, der nicht nur Elektroautos repräsentiert, sondern mit Space X auch Raketen in den Weltraum schickt. Hier hatte er es nicht nur mit ungeheuren finanziellen Herausforderungen und einem längst aufgeteilten Markt zu tun, sondern auch mit viel Physik – sprichwörtlich und im Wortsinne mit »Rocket Science«. Wer aber an seiner Vision festhält, sich nicht von seinem Weg abbringen lässt, allergrößte und vielfältige Widerstände mit Investoren, Konkurrenten, Kunden, Regierungen, ja mit Physik und Mathematik überwindet – der wird mit Bewunderung belohnt. Wenn die Rakete dann noch fliegt und sich die Unternehmung rechnet, ist die Geschichte kaum noch zu überbieten.

Besondere Menschen wecken alleine schon durch solche Geschichten – die wie in jedem Roman oder Film Konflikte benötigen – das Interesse der Menschen. Mut, Glaube an sich selbst und der Wille, nicht aufzugeben, sind dabei wichtige Komponenten. Solch ein Mensch wirkt authentischer und ehrlicher als der beste Werbeslogan.

Der Name und die Person Bill Gates stehen hier als weiteres Beispiel. Auch er hat sich in die Garage gesetzt und Produkte entwickelt, die den Markt teilweise seit Jahrzehnten dominieren – und zwar im Fall von Windows Office auch durch Hassliebe. Trotz mehrerer Nachfolger in der operativen Führung (seit 2014 Satya Nadella) ist Bill Gates nach wie vor das – unersetzbare – Gesicht von Microsoft, einer der erfolgreichsten und wertvollsten Firmen der Welt. In Vor-Corona-Zeiten überwand sie als erst drittes Unternehmen nach Apple und Amazon die Marke von einer Billion Dollar Marktkapitalisierung. In Corona-Zeiten wurde Bill Gates Ziel aberwitziger Verschwörungstheorien; auch dies ist das Ergebnis seiner ungebrochenen Popularität und er fungiert wie ein Aushängeschild von Microsoft.

Doch warum in die Ferne schweifen? Gerade Deutschland ist voll von erfolgreichen Unternehmerbeispielen – oft Tüftler, Ingenieure, Erfinder, die ganze Dynastien gegründet haben; meist zu Zeiten der Industrialisierung oder in der Nachkriegszeit, dem deutschen Wirtschaftswunder. Robert Bosch, August Borsig oder Max Grundig, Rudolf Diesel, Carl Benz, Werner von Siemens, Adam Opel, Porsche, Henkel, Oetker sorgten dafür, dass ihre Unternehmen oder Erfindungen weltweit bekannt geworden sind. Persönlich begreifbar sind diese Personen heute nicht mehr. Aber dass ihr Mythos im kollektiven Gedächtnis immer noch weiterlebt – und sei es nur als schieres Schlagwort oder vages Gefühl – zeigt, wie einprägsam persönliche Lebensgeschichten gepaart mit unschlagbaren Produkten sind.

Der Babynahrungshersteller Hipp, in Familienbesitz, nutzt gezielt Werbung, um Vertrauen zu generieren. Es gibt wahrscheinlich kaum eine Produktkategorie außerhalb der Medizin oder der Luftfahrt, die dermaßen vom Vertrauen in die Produktqualität lebt. Viele vergleichbare Unternehmen mit einem ähnlich hohen »Sicherheitsbedürfnis« bei den Kunden entscheiden sich trotzdem für das Vorführen von Logo und Produkt. Bei Hipp aber stellt sich der Firmengründer selbst vor die Kamera und erklärt den besorgten Eltern, was in seinen Produkten enthalten ist. Niemandem mehr als dem Chef der Firma glaubt man das. Das Prinzip, dass ein Mensch mehr Emotionen weckt als eine Marke oder ein Produkt, ging und geht für die Firma auf. Allerdings wurde sie auch, möglicherweise gerade deshalb, von Skandalen verschont.

Der Mensch steht im Mittelpunkt. Die Kunst ist es, geschickt die eigene Geschichte und die des Unternehmens miteinander zu verweben und so nicht nur das Unternehmen oder ein Produkt als Marke zu etablieren, sondern auch ein Gesicht, einen Menschen, der mit seinem Namen, seiner Kompetenz und seinem Fachwissen für die Kultur und Glaubwürdigkeit seines Unternehmens einsteht. Transparenter und glaubwürdiger kann es keine Werbung schaffen.

Einen Anlass schaffen

Mit der Größe des Unternehmens steigen auch die Anforderungen der Öffentlichkeitsarbeit an den CEO. Gleichzeitig haben es Konzerne und andere große Unternehmen nicht schwer, in die Medien zu kommen. Sie sind durch ihre schiere Dimension relevant und interessant, oft gepaart mit der Mitgliedschaft in einem Aktienindex. Gelegenheiten zum Streuen von Nachrichten bieten sich hier genug, obendrein durch die vielfältigen Themen, Standorte, Produkte und Dienstleistungen.

Um mit einem kleinen oder mittelständischen Unternehmen den Weg in überregionale, regionale und Medien überhaupt zu finden, benötigt man ebenfalls immer einen Anlass; nur dass sich solche Anlässe nicht so »von alleine« einstellen. Die Geschichte kann noch so großartig sein, es braucht immer einen aktuellen Bezug. Denn Journalisten (und Nutzer von Social-Media-Posts in gewisser Weise auch) wollen immer etwas Neues oder etwas, was jetzt erst bekannt geworden ist. Sie können also nicht einfach so eine Meldung herausgeben, es wäre wie ein guter Wein ohne Gefäß. Aktualität ist das entscheidende Kriterium für die Relevanz von Nachrichten und nach denen Journalisten, aber auch alle anderen Medienkonsumenten, Meldungen, Postings, Stellungnahmen gewichten – wenn auch nur eins von vielen. In der Regel haben Sie einen Anlass und dieser gehört in den Text ganz nach oben: Jetzt ist das neue Produkt herausgekommen, heute haben Sie einen neuen Finanzvorstand berufen, morgen ist die Einweihung Ihres Forschungslabors, Sie sind ab sofort auch auf dem US-Markt präsent und Ihre zentrale App wurde von Grund auf überarbeitet. Wer keinen Anlass hat, aber trotzdem unbedingt etwas Wichtiges sagen will, kann auch Anlässe schaffen. Jubiläen und Jahrestage bieten sich dabei etwa. Entscheidend ist lediglich, dass dem Leser Ihrer Nachricht klar ist, warum Sie JETZT etwas sagen.

Krisen-PR

Was tun, wenn der CEO unter Druck gerät? Konzernchefs standen schon immer auf dem Prüfstand von Medien und Öffentlichkeit.

Dies gilt und galt besonders für Publikumsgesellschaften, bei denen die Anteilseigner ein verbrieftes Auskunfts- und Informationsrecht besitzen. Hinzu kommt, dass Aktiengesellschaften tendenziell größere Unternehmen sind – und damit automatisch bedeutsam(er), ja mitunter systemrelevant. Wie im vorherigen Kapitel erwähnt, ergibt sich allein daraus ein anderer Fokus auf die Unternehmenslenker. In den vergangenen beiden Jahrzehnten hat sich allerdings durch Internet und Social Media das Tempo verändert, mit dem berichtet wird und mit dem sich Dinge dynamisch verändern. Hinzu kommt eine viel größere Chance, dass Missstände aufgedeckt und weiterverbreitet werden. Brauchte es früher mitunter Tage und Wochen, bis Probleme öffentlich wurden, zumindest bis zum nächsten Morgen, an dem die Zeitung am Kiosk lag, geht nun in Sekunden alles um den Erdball – und es braucht dazu keine Journalisten mehr.

Hinzu kommen Fehltritte, die gerade erst durch die Existenz von Internet und Social Media entstehen, weil man dort etwas Missverständliches gepostet hat. In diesem Buch haben wir bereits zahlreiche Beispiele dazu gebracht. Man könnte ganze Bücher mit Beispielen füllen, wie Unternehmen in selbst geschaffene Fettnäpfchen getreten sind – Probleme, die es ohne diese »neuen« Medien gar nicht gäbe, da man sich früher bei der guten, alten Pressemitteilung etwas mehr Zeit ließ, als heute rasch auf Twitter ein paar Schenkelklopfer »rauszuhauen«, die manchem Adressaten oder der »Community« sauer aufstoßen.

Wenn Krisen-PR gefragt ist, liegt dies jedoch selten an zweideutigen Postings, sondern in der Regel an hausgemachten Problemen wie dem Dieselskandal der deutschen Autoindustrie oder legalen, möglicherweise betriebswirtschaftlich sogar zwingenden Entscheidungen, die jedoch in der Öffentlichkeit einen Sturm der Entrüstung entfachen.

BEISPIEL: *ADIDAS*

Adidas, in Person des Vorstandsvorsitzenden Kaspar Rorsteds, hatte in der damals noch recht frischen Corona-Krise Ende März 2020 angekündigt, den Vermietern ihrer brachliegenden Geschäfte keine Miete mehr zu überweisen. Diese sollte gestundet werden. Damit nutze Adidas – zumindest bezogen auf die deutschen Läden – ein erst wenige Tage zuvor von der Bundesregierung verabschiedetes Gesetz, demzufolge säumige Mieter für die nächsten zwei Jahre keine negativen Konsequenzen wie Kündigungen befürchten müssten. Unternehmerisch war diese Vorgehensweise möglicherweise sogar geboten, schließlich waren alle deutschen Filialen behördlich geschlossen. Der Umsatz von Adidas war damit eingebrochen. Wie die Pandemie weiter verlaufen würde, wusste zu dem Zeitpunkt niemand. Trotzdem stieg die »Öffentlichkeit« auf die Barrikaden. SPD-Politikerin Katarina Barley, immerhin Vizepräsidentin des EU-Parlaments, kündigte auf Twitter an, keine Adidas-Produkte mehr zu kaufen: »Das hier waren übrigens die letzten @adidas, die wir gekauft haben. Als globaler Konzern mit 3,2 Milliarden Gewinn 2019 eine Schutzvorschrift für MieterInnen in Existenznot auszunutzen, ist schäbig«, schrieb sie zu einem von ihr auf Twitter geposteten Foto.[84] Allerdings lag der Gewinn bei 1,918 Milliarden Euro und nicht bei 3,2 Milliarden Euro. Die für das Gesetz verantwortliche Bundesjustizministerin Christine Lambrecht (SPD) und Bundesverkehrsminister Andreas Scheuer (CSU) kritisierten Adidas ebenfalls. Scheuer bezeichnete es »als völlig inakzeptable Botschaft«. Andere Twitternutzer riefen offen zum Boykott auf oder verbrannten ihre Adidas-Schuhe und posteten die entsprechenden Videos dazu.

Gesetzeskonformes, ja vom Gesetzgeber gerade so gedachtes, und betriebswirtschaftlich korrektes Verhalten – vor allem auch im Sinne der Aktionäre – wurde als illegitim, »schäbig« und »inakzeptabel« angesehen. Kritisiert wurde die Entscheidung auch wegen der Tatsache, dass der Konzern im Vorjahr »zwei Milliarden Euro« verdient habe. Dass diese – mehrfach zu versteuernde – Summe längst an Aktionäre ausgeschüttet und im Unternehmen investiert wurde, also als Reserve zumindest in dieser Höhe nicht mehr vorhanden war und angesichts der Dimension der Krise, der Ungewissheit ihrer Dauer und auch angesichts von Zehntausenden Arbeitsplätzen auch nicht so viel ist, um lange Durstrecken zu überstehen, zählte nicht. Nur wenige Kommentatoren – immerhin und selten genug – führten Entlastendes ins Feld. So schrieb der frühere *BILD*-Vize Nikolaus Blome via Twitter: »Tut mir leid, das #adidas-bashing ist billig: a) Gewinn 2019 sagt wenig über aktuelle Liquidität. b) Das Gesetz ist auch für Konzerne in nachweislicher Liquiditätsnot da und damit für 10tausende Jobs. c) Die Mieten sind nur gestundet, nicht gestrichen.«[85]

Wenn, dann können allenfalls Außenstehende wie Blome mit solch – rationalen – Argumenten kommen. Wenn der Mob und eine EU-Parlamentsvizepräsidentin toben, dringen Daten, Fakten und Zahlen nicht durch; offenbar nicht einmal die Sicherung der Arbeitsplätze oder die Tatsache, dass es sich lediglich um vier Privatvermieter handelte und beim Rest um Immobiliengesellschaften, die der Stundung längst zugestimmt hatten. Die Einsicht, gegen einen irrationalen Sturm der Entrüstung nicht anzukommen, hatte das Kommunikationsteam von Adidas sofort. Da half nur noch, rasch die Reißleine zu ziehen und einen Kotau auszuführen.[86] Adidas musste reagieren, um Entschuldigung bitten – und die Mietzahlungen fortsetzen, obwohl es sich ohnehin nur um eine Stundung gehandelt hatte.

Dieses Beispiel zeigt die heutige Dynamik. Früher hätte eine Boulevardzeitung eine Aufregergeschichte gebracht, am nächsten Tag hätte der *FAZ*-Wirtschaftsredakteur die Fakten geradegerückt, Adidas hätte die vier Privatvermieter bezahlt (und die anderen später) – und damit wäre das Thema wahrscheinlich vom Tisch gewesen. Auf den Zug aufspringende Spitzenpolitiker – die gerade erst das Gesetz verabschiedet hatten, deren Gebrauch sie sogleich öffentlichkeitswirksam kritisierten – wären im ersten »Enthüllungsbericht« zitiert worden. In den meisten Fällen hätte sich diese Geschichte – da sie keinen echten Missstand darstellte, wie beispielsweise ein unsicheres Auto, Bilanzfälschung bei Wirecard, Umweltverschmutzung oder Korruption – nach ein, zwei Tagen von allein erledigt. Hier wurde sie vom Adidas-Chef nach zwei Tagen erledigt, und zwar durch ein Eingehen auf »Volkes Stimme«. In unseren Augen die kommunikativ einzig richtige und professionelle Variante. Adidas hätte eine klassische Auseinandersetzung mit rationalen Argumenten – die ohnehin kaum wirken – nicht gewonnen. Gleichzeitig hätte der Fall weiter geschmort. So beendete der Sportartikelhersteller die Angelegenheit – und zwar rasch, eine weitere Grundregel bei Krisen-PR.

Ebenfalls wichtig: In solchen Situationen ist der CEO gefragt – und er muss auch direkt die Verantwortung übernehmen und darf sich nicht auf Subalterne rausreden. Interessanterweise wurde aber der erwähnte offene Brief der Zeitungsanzeige vom »Team« unterzeichnet und nicht vom CEO selbst. Besonders in einer Krise, im Hinblick auf die Mietzahlungsdebatte wahrlich keine existenzielle, muss der Chef auf die Bühne. Nur er hat die Autorität, die Angelegenheit wieder geradezubiegen. Dabei war der Anlass – bezogen auf den Gesamtkonzern mit Tausenden Produkten im Angebot – verhältnismäßig klein und hätte sich wohl kaum zu einer Grundsatzdiskussion hochgeschaukelt. Trotzdem hat Adidas richtig gehandelt, auch wenn andere Großunternehmen gleichzeitig dasselbe ankündigten und wohl ebenfalls taten und damit durchkamen; dies aber auch, weil sie nicht die Bedeutung und das Image von Adidas hatten.

Warum aber ist Adidas' Verhalten so schlecht angekommen? Das ist natürlich nur eine rhetorische Frage. Das Label, das marketingtechnisch so sehr auf Sportsgeist und Teamwork setzt, hat in einer entscheidenden Frühphase der Corona-Krise sträflich eben diese Attribute vermissen lassen. So schrieb das *Handelsblatt* einen knappen Monat später: »Es hat dem Ansehen des Labels schwer geschadet, als der Betriebswirt lapidar ankündigte, keine Mieten für seine Läden mehr zu zahlen. Mehr noch: Weil er in den vergangenen Jahren Milliarden für Dividenden und Aktienrückkäufe ausgab, musste er nun Staatskredit in Anspruch nehmen, um flüssig zu bleiben. Als eines der ersten großen Unternehmen in Deutschland. Auch das kam in der Öffentlichkeit nicht gut an.«[87] Freilich hat Rorsted rechtzeitig den Ausweg gefunden.

Eine Krise ist für jedes Unternehmen – unabhängig von ihrer Ursache – ein Ausnahmezustand. Hier müssen Sie sofort und kompromisslos handeln. Ein kleiner Funke genügt und schon stehen erfahrene CEOs und erfolgreiche Unternehmen am Pranger, erst recht durch Social Media. Nun zählt jede Sekunde – und jedes Wort. Entscheidend ist – beim Verursacher, aber auch bei Ihnen –, was draußen ankommt und was hängenbleibt.

Idealerweise fängt die Krisenkommunikation vor der Krise an: mit kluger Vorbereitung, Plänen und Themen in der Schublade, gut gepflegten Kontakten und einem starken Renommee. So reduzieren Sie die negative Wirkung eines Entrüstungssturms deutlich. Zur penibler Vorbereitung – durchaus auch mithilfe von spezialisierten Agenturen – sollten etwa gehören:

- das Durchspielen von Krisenszenarien,
- das Aufstellen eines Masterplans Krisenkommunikation,

- Abstimmung von einheitlichen Sprachregelungen, an die sich jeder hält,
- Kameratraining,
- interne Kommunikation,
- 24-Stunden-Bereitschaft des Teams und/oder der Agentur.

Präsenz, klare Entscheidungen und Lösungen – und dies sofort kommuniziert – sind Erfolgsfaktoren bei der Krisen-PR. Im Falle eines »echten« Vergehens – und nicht eines vorrangig oder sogar ausschließlich skandalisierten Vorgangs – sind zudem hundertprozentige Ehrlichkeit und Transparenz gefragt, die grundsätzlich vorhanden sein sollten, aber in Krisensituationen kriegsentscheidend sind. Klar, geradezu radikal und sofort hatte auch die Wall AG auf den bösartigen Tweet von Jürgen Trittin reagiert. Aufgrund der Faktenlage hätte sie es nicht müssen; es gab keinerlei, sondern nur ein von Trittin konstruiertes und instrumentalisiertes Problem in Hinblick auf das AfD-Engagement des Gründers und früheren Eigentümers Hans Wall, der inzwischen jedoch keinerlei Funktionen bei der Wall AG mehr innehatte und keine einzige Aktie mehr besaß. Doch wenn besorgte Kunden und Geschäftspartner anrufen, Auftragsentzug im Raum steht und Mitarbeiter nervös werden, muss man selbst dann reagieren, wenn *nichts* – im Sinne einer Tatsache – ist. Im Sinne einer medial inszenierten Wirklichkeit lag nämlich sehr wohl etwas vor: nämlich ein toxisches AfD-Thema, mit dem keiner assoziiert werden möchte.

Die Wucht der medialen Öffentlichkeit kann unerbittlich sein – und nach nur wenigen Tagen falscher oder Nichtreaktion vollends aus dem Ruder laufen. Ein klarer Schnitt, selbst wenn er weh tut und Insidern wie objektiven Beobachtern sogar ungerechtfertigt erscheinen mag, ist da meist die einzige richtige Lösung. Aus diesem Grund sind auch Rücktritte von Politikern oft die praktikable Variante: Radikal, aber sie beenden die akute Diskussion; was nicht heißt, dass die Debatte damit beendet ist. Sie läuft danach nur in ruhigeren Fahrwassern und durchaus stellt sich auch Selbstkritik bei der hetzenden Meute ein, wie im Falle von Ex-Bundespräsident Christian Wulff, dessen Vergehen zwar politisch ungeschickt und zweifelhaft waren, aber nicht justiziabel. Eindeutiger und auch zutreffend waren da schon die Vorwürfe gegen den einstigen Verteidigungsminister Theodor zu Guttenberg, dessen Doktorarbeit massive Plagiate aufwies. Zwar sagte Bundeskanzlerin Angela Merkel noch, sie habe ihre Minister nicht wegen ihrer Doktorarbeit eingestellt. Doch angesichts der scheinbar endlos kopierten Passagen erkannte Guttenberg selbst, dass er nicht mehr zu halten war; auch, weil er mit schlechtem Krisenmanagement Glaubwürdigkeit verspielte, plötzlich ungewöhnlich fahrig und unprofessionell agierte und sich in Widersprüche verstrickte.

Überhaupt scheinen Politiker besonders schlechte Krisenmanager zu sein; beängstigend, wenn man bedenkt, dass dies zur Stellenbeschreibung zählen sollte. Viele Politiker sind – und dies gehört zu den politischen Binsenweisheiten – vor allem wegen ihres Umgangs mit der Krise zurückgetreten und nicht wegen des Krisenanlasses selbst. Dabei geht es zumeist darum, ob man wohl die Wahrheit gesagt habe, als auch um die Frage, wann man was (von einem Skandal/Missstand) gewusst hat, dies aber der Öffentlichkeit vorenthielt.

Auf Krisen kann und sollte man sich vorbereiten. Dabei sollte man die Mechanismen, Anlässe und Verläufe je nach Branche differenzieren – die sich selbstverständlich stark vom politischen Betrieb unterscheiden. Er gehorcht noch einmal ganz anderen Gesetzen. Zudem können und sollten sich einschlägige Firmen auf Störfälle, Unfälle, Betrugsfälle, Flugzeugabstürze und dergleichen einstellen und entsprechende Szenarien durchspielen.

Oft stolpern die CEOs dann aber über ganz andere Themen. Chemieunfälle am Rhein sind höchst selten geworden und vermutlich hatte kein Automobilkonzern eine Sprachregelung zur Abgasmanipulation in der Schublade – auch wenn das Thema vollkommen hausgemacht war. Im ersten Halbjahr 2016 drehte sich jeder fünfte Artikel über einen DAX-CEO um VW-Chef Matthias Müller, der mit den Folgen des Dieselskandals (manipulierte Dieselmotoren und geschönte Abgaswerte) zu kämpfen hatte – und dessentwegen sein Vorgänger Martin Winterkorn zurückgetreten war. Müller gehörte bereits vorher dem VW-Vorstand an und war gleichzeitig Vorstandsvorsitzender der Porsche AG. Also stellte sich auch hier die Frage: »Ab wann wusste Matthias Müller, dass VW verbotene Software einsetzte?«, wie das Nachrichtenmagazin *Der Spiegel* fragte, dies aber im selben Artikel verneinte.[88] So oder so, als Vorstandsvorsitzender stand Müller in jenem Halbjahr im Medienpräsenz-Ranking der Chefs der größten Dax- und MDax-Konzerne auf Platz 1. Dahinter folgten der damalige Deutsche-Bank-Chef John Cryan und Daimler-CEO Dieter Zetsche. Alle drei hatten dabei »mit einer negativen Tonalität der Berichterstattung zu kämpfen.«[89]

Wegen des Abgasskandals musste also Langzeitvorstand Winterkorn zurücktreten. Müller sollte aufräumen und Ruhe reinbringen. Dabei ging in Sachen Krisen-PR einiges daneben. Müller machte alles nur noch schlimmer. Über das PR-Desaster, einem Interview mit dem US-Radiosender NPR, berichtete der *Spiegel* genüsslich: »Dass die Reise von Volkswagen-Chef Matthias Müller in die USA kein leichter Gang sein würde, war von vornherein klar. Steht doch der Wolfsburger Autokonzern in Amerika angesichts des Abgasskandals besonders in der Kritik. Also haben sich Müller und seine Berater auf bohrende Fragen von Analysten, Politikern und Journalisten vorbereitet. Doch offenbar sind sie dabei nicht akribisch genug vorgegangen. Ein Interview mit dem Radiosender NPR am Rande der Detroiter Automesse lief derart schief, dass Müllers Leute die Reporter bitten mussten, das Gespräch zu einem späteren Zeitpunkt zu wiederholen.«[90] Dabei versuchte Müller, den Skandal zu verharmlosen – ausgerechnet in den USA, wo der

Konzern unter massivem Beschuss von Politik, der Umweltbehörde EPA, Verbraucherschützern und Anwälten war. Kernaussage: »Wir haben nicht gelogen« und Volkswagen habe lediglich die US-Gesetze »falsch interpretiert«.[91] Das Fazit des Nachrichtenmagazins: »Desaströser kann der Eindruck nicht sein, den Müller in den USA hinterlässt. (...)«.

Auf den PR-Gau folgte ein ungewöhnliches Begehren: »Nachdem bereits ein Teil des Interviews ausgestrahlt worden war, bat Volkswagen NPR, das Gespräch zu wiederholen. Während der Neuauflage entschuldigte sich Müller für seinen ersten Auftritt vor dem Mikrofon. Es sei für ihn in der Situation sehr schwierig gewesen, die richtigen Worte zu finden, weil es um ihn herum sehr laut gewesen sei.«[92]

Stil, Format und Storytelling

»Ich habe gelernt, dass es ein schmaler Grat ist, polarisierend aufzutreten. Das kann sehr positiv ankommen und damit für unglaublich viel Sichtbarkeit sorgen. Oftmals sind es YouTube-Videos, in denen ich nicht nur Fachwissen vermittle, sondern auch meine Meinung zu bestimmten Umständen veröffentliche. Das kann dazu führen, dass viele Hunderttausend Menschen das sehen und dies bewerben. Es hat in den vergangenen Jahren aber auch zweimal einen ›Shitstorm‹ ausgelöst. Mein ganzes Social-Media-Team war dann jeweils eine Woche damit beschäftigt, Hater-Kommentare zu bearbeiten. Meine wichtigste Erkenntnis lautet dabei allerdings: Das Feedback der anderen sagt meistens mehr über die anderen aus als über mich«, erklärte uns Dirk Kreuter.

In jedem Fall sollten die Art der Präsentation und das gewählte Format zu der Persönlichkeit des CEOs und zum Unternehmen passen.

Nicht jeder ist dabei gleich solch ein unterhaltsamer Typ zum Anfassen wie Ernst Prost. Für ihn hat sich am Kommunikationsstil in den vergangenen Jahren nichts geändert, auch nicht nach dem Verkauf an die Würth-Gruppe: »Ich schwätze immer noch so, wie mir der Schnabel gewachsen ist: mit Dialekt, plastischen Beispielen, ich male sprachliche Bilder. Ich rede nie verkünstelt, sondern stets die Wahrheit, Tacheles, durchaus auch mal grob, aber mit Herz. Und dabei behandele ich alle gleich, ob Pförtner oder Prokurist, Großhändler oder Lagerarbeiter. Das ist meine Form von Authentizität. Wenn man nicht wie eine Maschine redet, erhöht dies auch die Bereitschaft der anderen zu folgen.«

Interviews, Reden und auch soziale Netzwerke können und werden als unverzichtbare Kanäle der meisten Geschäftsführer dienen. Wie bei jedweder Kommunikation ist es auch hier wichtig, sich in die Rolle des Empfängers hineinzuversetzen und dessen Erwartungen zu treffen oder sogar zu übertreffen – besonders aber bei Skandalen, Krisen oder Verfehlungen. Das Problem direkt anzusprechen und mitzuteilen, dass die Ansichten der Kunden wichtig sind, können hilfreiche Ansätze sein, die Reputation des Unternehmens wiederherzustellen. So hat es Adidas nach seiner Ankündigung gehandhabt, die Mietzahlungen für seine Geschäfte zu stoppen.

Authentisch zu wirken ist dabei ein recht abgenutzter Begriff. Trotzdem hat er seine Berechtigung. Denn es ist wichtig zu vermitteln, dass man es auch wirklich so meint und nicht nur spielt. Es reicht auch oftmals aus, authentisch zu wirken, ohne in der Realität authentisch zu sein. Denn dem CEO, der mediale Aufmerksamkeit erhält, wird anhand veröffentlichter Informationen die Authentizität zugeschrieben.[93] Daher reicht schon die Wirkung der Glaubwürdigkeit in der Öffentlichkeit, um ein vertrauenswertes Bild des Unternehmens herzustellen.

Dabei wollen wir nicht verhehlen, dass es auch viele Beispiele für eine völlige mediale Abwesenheit der CEOs gibt. Für die Bekanntheit der Unternehmensmarke ist eine starke öffentliche Präsenz des CEOs nicht zwingend notwendig (aber besser). Die Marke kann auch ohne visionäre Auftritte des CEOs für ihre Produkte und Leistungen anerkannt werden. Dass darunter Geschäftserfolg, das Image und auch ein gewisser Kultfaktor nicht leiden müssen, bewies jahrzehntelang Aldi mit den beiden Gründerbrüdern Theo und Karl. Und wer kennt schon den Chef von Samsung? Glaubwürdigkeit etwa kann auch ohne eine Zentralfigur entstehen. Japanische Unternehmen wie Sony oder Panasonic haben es geschafft, weltweite Anerkennung zu erlangen, ohne einen Visionär in den Vordergrund zu stellen.

Auch viele CEOs aus den deutschsprachigen Ländern haben in den meisten Fällen Schwierigkeiten oder schlichtweg keine Lust, ihre Visionen und Ideen zu präsentieren. Oder aber ihnen fehlt das Handwerkszeug. Doch – und diese Botschaft sollte beim bisherigen Lesen des Buchs angekommen sein – wir würden es dringend empfehlen. Wer es nicht kann, kann es lernen. Offensive, selbstbewusste Kommunikation ist ein Weg für den CEO, sich von anderen Geschäftsführern und Unternehmen abzusetzen. Genau wie das Produkt eines Unternehmens müssen die Art und Weise seines Auftritts und seine Botschaften jedoch spezifisch sein – und so wie es Jahres-, Investitions-, und Businesspläne gibt, sollte auch ein Kommunikationskonzept vorhanden sein oder eben erstellt werden.

Dreh- und Angelpunkt für jede Geschichte, Kernbotschaft und jeden Kommunikationsleitfaden ist selbstverständlich das Unternehmen, mit seinen Produkten und Dienstleistungen. Dabei sind wir davon überzeugt: In jedem Unternehmen steckt etwas Besonderes, das man herausstellen kann. In wirklich jedem, auch in vermeintlich austauschbaren Geschäften wie Bauunternehmen oder bei

Immobilienmaklern. Auch lassen sich viele Aspekte und Facetten finden, die nichts mit dem Kerngeschäft zu tun haben, sich aber hervorragend zur Kommunikation eignen – etwa, wenn die Lokalredaktion eine Rubrik über »So sehen in unserer Stadt die Chefbüros aus« gestartet hat, bei der noch keine Frau vorgekommen ist oder noch kein Büro, das nach Feng-Shui-Gesichtspunkten eingerichtet worden ist. Einfach anrufen oder eine Mail schreiben. Gerade »bunte Themen« eignen sich gut, weil sie die breite Masse ansprechen. Durchforsten Sie systematisch Ihre Medien nach solchen Rubriken, in die Sie hineinpassen.

Selbstverständlich sollte in Ihrer Außendarstellung Ihr Business nicht zu kurz kommen.

- Wie wurde es in der vorletzten Generation gegründet? Und unter welchen Umständen?
- Weshalb wurde das Produkt entwickelt?
- In welcher Rolle sieht sich der CEO selbst?
- Welche Ziele möchte das Unternehmen erzielen?

Für die Vermittlung der Inhalte ist aber eines von zentraler Bedeutung: Emotionale Kommunikation ist bei Weitem wirksamer als rationale Kommunikation. Letztere ist ein bewusster und intellektueller Prozess und wird aus diesem Grund fälschlicherweise oft bevorzugt. Emotionale Kommunikation ist dagegen ein unbewusster und automatischer Vorgang – und funktioniert deutlich besser.[94] In der praktischen Kommunikation sollten Sie daher Methoden nutzen, die die Emotionen ansprechen. Storytelling gehört hierzu, ebenso Metaphern wie auch Bilder und Videos. Aus diesem Grund sollten Sie etwa bei Broschüren oder Jahresberichten den Textanteil deutlich zurückfahren zugunsten von Fotos, Grafiken und Illustrationen aller Art.

Harte Fakten überzeugen selten, zumal Leute, die Ihnen und Ihrer Sache nicht wohlgesonnen sind. »Rationale Kommunikation funktioniert nur dann, wenn Sender und Empfänger einer Botschaft – also Sie und Ihr Zuhörer – die gleichen Interessen und Wertvorstellungen teilen. (...) Die Regel ist das leider nicht. Die Regel ist eine asymmetrische Kommunikationssituation«, sagt Petra Sammer.[95] Daher müssen Sie die Emotionen ansprechen: »Wenn Sie es mit einem Publikum zu tun haben, das Ihrem Thema gegenüber eher abgeneigt oder skeptisch ist, und einem Publikum, das sich leicht ablenken lässt, lohnt es sich, auf die Technik des Storytellings zurückzugreifen.«[96] Dieses Prinzip ist beileibe nichts Neues oder etwas, dass man erlernen muss. 65 Prozent unserer täglichen Konversation besteht aus persönlichen Geschichten.[97] Was man jedoch erlernen muss, ist deren Nutzung. Wenn Sie im Unternehmen etwas Berichtenswertes oder Sensationelles erlebt haben, erzählen Sie das Ihrem Partner oder Freunden am Abend auch als Geschichte, ganz automatisch. Ihnen kommen Sie nicht mit kalten Daten, Fakten, Zahlen wie in so vielen Reden und Jahresberichten. Schalten Sie also um – auf den Modus, der funktioniert. Storytelling erzeugt mehr Aufmerksamkeit und lässt sich besser merken als rationale Informationsvermittlung.[98] »Informationen werden durch Geschichten erleb- und erfahrbar, wodurch sie wesentlich besser im Gedächtnis verankert werden und leichter abrufbar sind. Geschichten fesseln ein Publikum. (...) Geschichten verweben Daten und Fakten zu einem roten Faden und geben so vereinzelten Informationen Sinn und Bedeutung. Geschichten wirken darüber hinaus auch noch gemeinschaftsstiftend. Sie sind Leuchtfeuer und zugleich Lagerfeuer der Kommunikation«, so Sammer.[99] Dabei ist Storytelling nicht nur eine Kommunikationstechnik, sondern eines der »essenziellen Führungsinstrumente des 21. Jahrhunderts.«[100]

Der persönliche, hemdsärmelige und mitunter drastische Kommunikationsstil Ernst Prosts ist dabei immer auch eine Typfrage und hat für ihn aber auch eine weitere Grundvoraussetzung: »Das hat nichts mit Größe zu tun, sondern eher mit der persönlichen Verantwortung für die Mannschaft; also mit der Tatsache, ob es sich um ein inhabergeführtes Unternehmen handelt oder nicht. Kulturell gesehen ist das ja bei Liqui Moly immer noch der Fall, auch wenn ich keine Anteile mehr halte. Ich und andere Unternehmer sind da wesentlich freier als angestellte Manager. Sie beneiden mich mächtig, wie es mir einmal ein CEO gesagt hat. Was ich mir an Sprüchen leisten kann, kann sich ein Vorstandsvorsitzender nicht erlauben; auch weil er immer den Aktienkurs im Blick haben muss. Der wäre bald abgesägt.«

Sprache

»Bodenständig, direkt, ohne Fachausdrücke und überflüssiges Englisch.« So handhabt es Ernst Prost. Ein Vorbild. Strukturieren Sie Ihre Sprache so einfach wie möglich. Vermeiden Sie Fachbegriffe, Englisch, Denglisch, vor allem Begriffe, die es für die entsprechende Angelegenheit im Englischen gar nicht gibt, wie etwa Homeoffice (spätestens, wenn sie vor Native-Speakern auftreten), Marketingsprech und Abkürzungen, die nur Insider verstehen. Sprache muss immer verständlich sein, die Sätze kurz und klar, am besten mit anschaulichen Beispielen versehen. Es ist ein Irrglaube anzunehmen, dass man durch unverständliche, besonders hochtrabende Sprache, womöglich gespickt mit Fremdwörtern, Kompetenz zugeschrieben bekommt. Das Ergebnis werden höchstens Gähnen und Teilnahmslosigkeit sein. Wählen Sie also einen greifbaren, lebensnahen Sprachstil – und zwar in allen Formaten von der Twittermeldung bis zur Rede auf der Hauptversammlung. Natürlich immer zielgruppengerecht und passend zum Format. Persönliche Anekdoten haben meist nur in Reden oder Büchern Platz.

Auch Anna Banicevic redet nicht um den heißen Brei herum: »In Bezug auf meine persönliche CEO-Kommunikation übe ich immer radikale Offenheit und kommuniziere direkt und klar.«

Gleichzeitig gilt: Achten Sie auf die Kernbotschaften, die ebenfalls, ja besonders prägnant formuliert sein sollten. In längeren Formaten wie der Jahresbilanz können sie durchaus wiederholt werden. Und packen Sie nicht zu viele Nachrichten in eine Meldung. Einerseits laufen Sie so Gefahr, dass gar nichts hängen bleibt, weil alles überfrachtet ist. Andererseits verschießen Sie zu viel Pulver auf einmal. Verteilen Sie lieber die News auf mehrere Meldungen.

Fazit

Ein Chief Executive Officer ist heute auch ein Chief Communications Officer. Professionelle Kommunikationskenntnisse gehören zur Jobbeschreibung. In den vergangenen Jahrzehnten, angetrieben durch Digitalisierung und Globalisierung, haben sich die Anforderungen an Chefs nicht nur geändert, sondern drastisch vergrößert. Zwar wird deren Performance immer noch am Unternehmensergebnis und etwaigem Börsenkurs festgemacht – wie es beispielsweise Ernst Prost als Voraussetzung für seinen individuellen Kommunikationsstil ansah. Doch zusätzlich wird ein Unternehmenschef auch an der Außendarstellung gemessen, die wiederum auf die anderen Faktoren abstrahlen kann.

Und als sei die Last nicht nur größer und vielfältiger geworden, tritt eine weitere Herausforderung hinzu. Jeder CEO muss obendrein mehrere Rollen ausführen: Er muss Stratege und Entscheider sein, Moderator von Partikularinteressen, ja »öffentlicher Darsteller des Unternehmens.«[101] Angesichts der Fülle der Zielgruppe wäre die Aufzählung damit keinesfalls beendet, lässt sich aber mittels einer anderen Berufsbezeichnung gut auf den Punkt bringen, die zu allererst für mitunter heikle diplomatische Missionen steht: Botschafter.

Auf all diese Aufgaben muss ein moderner Geschäftsführer und Vorstandsvorsitzender vorbereitet sein. Nicht nur die harten Zahlen zählen, fachliches Know-how und Softskills beim Umgang mit Mitarbeitern, sondern auch gekonnte Kommunikation. Natürlich hat ein CEO je nach Firmengröße eine PR-Kraft, ein Team oder gleich einen ganzen Apparat. Aber das Wissen um die Chancen, Notwendigkeiten, Gefahren und Mechanismen hilft beim Umsetzen und der Beauftragung der Kommunikationsabteilung oder PR-Agentur.

Nicht vergessen werden sollte dabei stets das Ziel, besser gesagt die Ziele einer soliden Kommunikation: Alles ordnet sich dem Unternehmenszweck unter, zahlt also auf den Erfolg der Organisation und der Marke ein. Idealerweise sollten dann Reden und Handeln übereinstimmen; ein wichtiger Punkt, um als glaubwürdig und authentisch eingestuft zu werden.[102] Dies wiederum versorgt Sie mit der härtesten Währung, die ein CEO und sein Unternehmen besitzen können: Vertrauen.

Dieser Dreiklang ersetzt freilich keine schwarzen Zahlen. Doch vertrauensvolle und ehrliche Kommunikation hilft dabei, am Markt und als Marke erfolgreich zu sein. Auch weil so die immer stärker um sich greifenden Entrüstungsstürme über Social Media vermieden werden, die einer Firma mehr als früher finanziell zusetzen können.

Literatur

Baentsch, Wolfram (2008): Der Doppelmord an Uwe Barschel. Neue Fakten und Hintergründe zur größten Politaffäre der Bundesrepublik. Herbig Verlag, München

Collins, Jim (2020): Der Weg zu den Besten. Campus, Frankfurt am Main

Freie Universität Berlin (o.J.): Die Rolle des CEO in der Unternehmenspolitik. Download unter: http://michael-bartnik.de/dateien/Nichts_geht_ohne_den_Boss_Textfassung.pdf, S. 18–20

Hiesserich, Jan (2013): Der CEO-Navigator: Rollenbestimmung und -kommunikation für Topmanager. Campus, Frankfurt am Main

Sammer, Petra (2017): What's your story? Leadership Storytelling für Führungskräfte, Projektverantwortliche und allem die etwas bewegen wollen. Kindle-Version

Sünderhauf, Vincent/Petrov, Sebastian (2018): Smart David vs Digital Goliath: Wie Sie mit intelligenter Suchmaschinenoptimierung die Großen schlagen. Redline Verlag, München

Universität Hohenheim (2015): Like a Boss. Perspektiven der CEO-Kommunikation. Ein Projekt des Masterstudiengang

Kommunikationsmanagement der Universität Hohenheim. Download unter: https://komm.uni-hohenheim.de/uploads/media/CEO-Kommunikation.pdf (abgerufen am 13.02.2021)

Über die Autoren

Christopher A. Runge ist Geschäftsführer der BETTERTRUST GmbH. Mit mehr als zehn Publikationen zu den Themen Reputationsmanagement und Public Relations zählt er zu den Meinungsführern in diesen Gebieten in Deutschland. Er betreut zahlreiche Mandanten aus der Politik, internationale Unternehmen sowie zahlreiche Unternehmen in den Bereichen Corporate Communication, Branding sowie CEO-Kommunikation.

Allan Grap ist Geschäftsführer von BETTERTRUST und leidenschaftlicher Kommunikator. Er betreut zahlreiche Mandanten aus dem Bereich der Finanz- und Digitalwirtschaft. Sein Spezialgebiet ist die PR-seitige Betreuung von Unternehmern bei der strategischen Positionierung des Managements als Thought Leader in internationalen Medien.

Anmerkungen

1 Universität Hohenheim (2015), S. 11

2 Ebd., S. 11

3 Ebd., S. 12

4 Freie Universität Berlin (o.J.), S. 18–20

5 Ebd.

6 https://www.welt.de/wirtschaft/article216662508/Siemens-Chef-Kaeser-Kohle-Ausstieg-und-China-Abkommen.html, abgerufen am 09.02.2021

7 https://www.faz.net/aktuell/technik-motor/iaa/daimler-chef-zetsche-fluechtlinge-koennten-neues-wirtschaftswunder-ausloesen-13803671.html, abgerufen am 13.02.2021

8 https://www.manager-magazin.de/politik/deutschland/29-dax-konzerne-stellen-vier-fluechtlinge-ein-a-1101204.html

9 https://www.welt.de/wirtschaft/article205349197/Siemens-Kein-PR-Gag-Kaeser-rechtfertigt-Angebot-an-Neubauer.html, abgerufen am 23.05.2020

10 Ebd.

11 Hiesserich (2013), S. 25

12 Ebd., S. 31

13 Ebd., S. 17

14 Ebd., S. 25

15 Ebd., S. 55

16 https://www.branding-institute.ch/pdf/Radio_TelePersonalBrandingSept05.pdf?txtCatID=574&txtParentID=&txtLangID=1, abgerufen am 26.05.2020

17 Ebd.

18 https://www.dw.com/de/china-noch-eine-aufrichtige-entschuldigung-von-daimler/a-42517329-0; abgerufen am 26.05.2020

19 Ebd.

20 Ebd.

21 Ebd.

[22] Ebd.

[23] Sammer (2017), S. 245

[24] https://www.welt.de/kultur/plus218130208/Merkels-Verzweiflung-Ein-Ausrutscher-war-das-nicht.html?cid=onsite.onsitesearch; angerufen am 22.10.2020

[25] Ebd.

[26] Hiesserich (2013), S. 76 ff.

[27] https://www.brandeins.de/magazine/brand-eins-wirtschaftsmagazin/2004/leitbilder/was-bringt-ein-charismatischer-visionaerer-chef-einem-unternehmen; abgerufen 26.05.2020

[28] Ebd.

[29] https://www.wp-online.de/snippet/14/07.pdf; abgerufen am 26.05.2020

[30] Collins (2020)

[31] Hiesserich (2013), S. 78

[32] Ebd., S. 54

[33] Ebd., S. 115

[34] Hiesserich (2013), S. 79

[35] https://twitter.com/JTrittin/status/522313500740583424; abgerufen am 20.03.2021

[36] https://twitter.com/JTrittin/status/522384429512019969, abgerufen am 08.04.2020

[37] https://www.bz-berlin.de/berlin/vater-wall-unterstuetzt-afd-sohn-ist-sauer; abgerufen 29.03.2021

[38] https://www.welt.de/wirtschaft/article216662508/Siemens-Chef-Kaeser-Kohle-Ausstieg-und-China-Abkommen.html, abgerufen am 09.02.2021

[39] Hiesserich (2013), S. 13

[40] Ebd., S. 80

[41] Vgl. Hiesserich (2013), S. 32

[42] https://www.merkur.de/auto/tesla-gewinn-2020-elektro-verkauf-konkurrenz-hersteller-milliarde-emissionshandel-elon-musk-usa-zr-90189319.html; abgerufen am 23.03.2021

[43] https://www.spiegel.de/wirtschaft/unternehmen/wework-gruender-adam-neumann-der-gernegross-mit-dem-goldenen-fallschirm-a-1292870.html

[44] Ebd.

[45] Ebd.

[46] Ebd.

[47] Ebd.

[48] Hiesserich (2013), S. 41

[49] Universität Hohenheim (2015), S. 35

[50] Hiesserich (2013), S. 39

[51] Ebd., S. 42

52 https://www.tagesspiegel.de/gesellschaft/medien/fernsehgewohnheiten-junger-deutscher-nur-noch-94-minuten-fernsehen-am-tag/21152222.html; abgerufen am 16.04.2020

53 https://www.welt.de/wirtschaft/plus207285125/Atemschutzmasken-Trigema-Chef-Grupp-rechtfertigt-hohe-Preise.html; abgerufen am 17.04.2020

54 Ebd.

55 https://www.handelsblatt.com/unternehmen/handel-konsumgueter/schlecker-frauen-hoher-lohn-erschwert-vermittlung/8133982.html?ticket=ST-30629-e5DGJogjFcga9QgckrUa-ap5, abgerufen am 17.04.2020

56 https://www.handelsblatt.com/finanzen/banken-versicherungen/kirch-vs-deutsche-bank-das-wohl-teuerste-fernsehinterview-aller-zeiten/6203632.html, abgerufen am 13.02.2021

57 https://www.manager-magazin.de/unternehmen/banken/a-954664.html, abgerufen am 13.02.2021

58 https://www.handelsblatt.com/unternehmen/management/ceo-positionierung-im-internet-dax-chefs-auf-social-media-was-man-von-herbert-diess-und-tim-hoettges-lernen-kann/26151166.html, abgerufen am 13.02.2021

59 https://www.handelsblatt.com/unternehmen/management/ceo-positionierung-im-internet-dax-chefs-auf-social-media-was-man-von-herbert-diess-und-tim-hoettges-lernen-kann/26151166.html, abgerufen am 13.02.2021

60 26.02.2021, Die Welt, Zweifel an Teslas Allmacht

61 https://www.handelsblatt.com/unternehmen/management/ceo-positionierung-im-internet-dax-chefs-auf-social-media-was-man-von-herbert-diess-und-tim-hoettges-lernen-kann/26151166.html, abgerufen am 13.02.2021

62 Ebd.

63 Ebd.

64 Ebd.

65 Ebd.

66 Universität Hohenheim (2015), S. 29

67 https://www.handelsblatt.com/unternehmen/management/ceo-positionierung-im-internet-dax-chefs-auf-social-media-was-man-von-herbert-diess-und-tim-hoettges-lernen-kann/26151166.html, abgerufen am 13.02.2021

68 Sünderhauf/Petrov (2018), S. 145

69 https://www.robert-habeck.de/texte/blog/bye-bye-twitter-und-facebook/, abgerufen am 13.02.2021

70 Twitter, 20.02.2021

71 https://www.ard-zdf-onlinestudie.de/files/2020/0920_Beisch_Schaefer.pdf; abgerufen am 23.03.2021

72 Vgl. http://www.blogs.marriott.com

73 Siehe https://www.virgin.com/richard-branson

74 Universität Hohenheim (2015), S. 5

[75] Ebd., S. 91

[76] Sammer (2017), E-Book-Position (Kindle) 1470

[77] Hiesserich (2013), S. 17

[78] https://daserste.ndr.de/panorama/archiv/2013/Verkehrsminister-Ramsauer-Mein-Name-ist-Hase,ramsauer159.html, abgerufen am 29.04.2020

[79] Ebd.

[80] Vgl. Hiesserich (2013), S. 34 ff.

[81] Baentsch (2008), S. 142

[82] https://www.handelsblatt.com/unternehmen/dienstleister/bilanzskandal-das-grosse-scheitern-fall-wirecard-offenbart-die-schwaechen-der-wirtschaftsprue-fer/26171326.html, abgerufen am 13.02.2021

[83] https://www.horizont.net/marketing/nachrichten/rueckzieher-nach-massiver-kritik-adidas-sagt-via-anzeige-entschuldigung-fuer-angekuendigten-mieten-stopp-182065, abgerufen am 13.02.2021

[84] https://meedia.de/2020/03/29/boykottadidas-wie-der-sportartikelriese-in-zei-ten-von-corona-das-pr-eigentor-des-jahres-schoss/, abgerufen am 13.02.2021

[85] Ebd.

[86] https://www.faz.net/aktuell/wirtschaft/unternehmen/adidas-chef-rorsted-im-interview-zum-corona-mietstopp-16702119.html, abgerufen am 13.02.2021

[87] https://www.handelsblatt.com/meinung/kommentare/kommentar-rorsted-muss-beweisen-dass-er-adidas-auch-durch-schwere-zeiten-fuehren-kann/25774868.html, abgerufen am 13.02.2021

[88] https://www.spiegel.de/wirtschaft/unternehmen/matthias-mueller-vw-chef-in-abgasskandal-entlastet-a-1084181.html; 28.04.2020, abgerufen am 13.02.2021

[89] http://www.keynote-kommunikation.de/ceo_monitor/, abgerufen am 17.09.2017

[90] https://www.spiegel.de/wirtschaft/unternehmen/vw-chef-mueller-blamiert-sich-bei-interview-a-1071573.html; abgerufen am 28.04.2020

[91] Ebd.

[92] Ebd.

[93] Vgl. Universität Hohenheim (2015), S. 15

[94] Sammer (2017), S. 475

[95] Ebd., S. 484

[96] Ebd., S. 494

[97] Ebd., S. 436

[98] Ebd., S. 752

[99] Ebd., S. 723

[100] Ebd. S. 1352

[101] Hiesserich (2013), S. 7

[102] Universität Hohenheim (2015), S. 69

Index

C

D

E

F

G

X

Y

Z